美术与艺术设计专业（十四五）规划教材

书籍装帧

吴晖　郑红　邵波　主编

北京出版集团
北京工艺美术出版社

图书在版编目（CIP）数据

书籍装帧 / 吴晖，郑红，邵波主编. -- 北京：北京工艺美术出版社，2025.1
美术与艺术设计专业（十四五）规划教材
ISBN 978-7-5140-2434-0

Ⅰ．①书… Ⅱ．①吴… ②郑… ③邵… Ⅲ．①书籍装帧－高等学校－教材 Ⅳ．① TS881

中国版本图书馆 CIP 数据核字（2022）第 053438 号

出 版 人：夏中南
策划编辑：高　岩
责任编辑：宋朝晖　李　榕
装帧设计：力潮文创
责任印制：范志勇

美术与艺术设计专业（十四五）规划教材

书籍装帧
SHUJI ZHUANGZHEN

吴晖　郑红　邵波　主编

出　　版	北京出版集团
	北京工艺美术出版社
发　　行	北京美联京工图书有限公司
地　　址	北京市西城区北三环中路6号　京版大厦B座702室
邮　　编	100120
电　　话	（010）58572763（总编室）
	（010）58572878（编辑室）
	（010）64280045（发　行）
传　　真	（010）64280045/58572763
经　　销	全国新华书店
印　　刷	北京盛通印刷股份有限公司
开　　本	787毫米×1092毫米　1/16
印　　张	11
字　　数	250千字
版　　次	2025年1月第1版
印　　次	2025年1月第1次印刷
定　　价	69.00元

前　言

随着计算机的高速发展，当今社会已经进入互联网时代，平板电脑、智能手机等移动终端的出现，使阅读方式发生了变化，电子图书逐渐增多，无纸化时代已经来临。那么以纸为媒的报纸、杂志、书籍就此衰退吗？不，文字还是利用书籍这一古老的媒介方式最为适合，因为纸质图书有它独特的魅力；书籍是人类用来记录一切成就的主要工具，也是人类用来交融感情、取得知识、传承经验的重要媒介，对人类文明的发展贡献非常大。迄今为止发现最早的书是公元前3000年古埃及人用莎草纸所制的书。中国的造纸术和雕版印刷术的发明，开启了人类历史新篇章，人们将纸张装订在一起，于是有了一本本的书。随着十五世纪谷登堡印刷术的发明，书籍才作为普通老百姓能承受的物品，从而得以广泛传播。在书籍让人们掌握知识，获得能力的同时，书籍的美观开始受到人们的重视，并形成了一门独特的艺术——装帧艺术。

欧洲国家的书籍设计教育是从小学开始的，教师指导学生用剪刀、胶水、线等工具和材料练习如何设计自己的小书。孩子们模仿书籍的各种装订形式，通过剪贴、手绘的方式创造属于自己独特个性的图书。从小接受训练，尊重历史文化，培养热爱书籍的人文精神，这是西方书籍设计教育值得称道之处。只有读懂"历史"，才能实现创新性教育，只有传承才有可能创新，只有传承才有可能实现民族化的设计观教育，这是值得我们借鉴的地方。

本书详细介绍了书籍装帧设计的历史过程，通过对书籍装帧设计的历史和现状的回顾，总结了书籍装帧设计的特征和属性，并对书籍装帧设计的构成元素、书籍装帧设计的基本原则与设计流程、书籍封面、护封的视觉传达设计、版式设计、附件设计等做了较详细的阐述，对读者研究书籍装帧艺术，提高想象力和动手能力，具有较强的启迪和指导作用。书中引用各国经典案例，有很浓重的文化艺术气息。

本书的编写主要立足笔者多年的教学体会和学习研究，但为了准确、清晰地完成本教材的编写，书中有些内容参阅了国内外学术界的一些研究成果，引用了不同时期各国名家大师的作品和资料；限于时间和篇幅，其中有部分资料遗漏了原创作者的署名或来源，且无法与相关作者取得联系，在此向各位作者和出版者谨致谢忱和歉意！

由于作者水平有限加之时间仓促，书中难免存在错误和不足之处，恳请广大读者和专家批评指正。

编　者

目 录

第一章 书籍装帧设计的发展概述 /1
1.1 中外书籍装帧文化的发展史 /1
1.2 近代书籍设计的发展史 /16

第二章 书籍与装帧艺术的概述 /25
2.1 书籍与装帧的释义 /25
2.2 书籍设计的功能与目的 /29
2.3 书籍设计的艺术价值 /33

第三章 书籍装帧设计内容 /37
3.1 书籍外部形态的构成要素 /37
3.2 书籍结构元素的设计 /38
3.3 书籍内部形态设计 /51
3.4 书籍的开本与设计 /68
3.5 书籍装帧设计的印刷与制版 /80

第四章 书籍装帧设计的元素 /107
4.1 字体 /107
4.2 插图 /112
4.3 色彩 /120
4.4 版面设计形式 /130
4.5 书籍版式设计的形式 /141
4.6 图形与文字编排的构图形式 /150

第五章　书籍装帧中的封面设计 /157

5.1　封面设计的构思 /157

5.2　封面的纯文字编排 /159

5.3　封面的文字与图像混排 /162

5.4　封面的文字与图形混排 /163

5.5　封面的文字与插画混排 /164

5.6　封面的文字与色块混排 /165

5.7　封面的纯图片设计 /166

参考文献 /168

第一章

书籍装帧设计的发展概述

书籍，在人类社会的发展中担当着不可或缺的重要角色。高尔基曾说过"书籍是人类进步的阶梯"。书籍作为文字、图形的载体而存在，是用文字、图画和其他符号在一定材料上记录各种知识，清楚地表达思想，并且制作成卷册的著作物，是传播各种知识和思想，积累人类文化的重要工具。随着历史的发展，书籍在书写方式、所使用的材料、装帧形式，以及形态方面，都在不断变化与发展。

1.1 中外书籍装帧文化的发展史

随着出版业的发展和出版市场的逐步开放，从事专业书装设计的团体及个人的不断涌现，书籍装帧设计已为世人所认知，并且对出版业的发展发挥着重要的作用。从书籍装帧设计的发展观来讲，若想系统地了解书籍装帧设计，我们有必要先了解一下它的发展史。

1.1.1 中国古代书籍装帧

我们谈到书籍不能不谈到文字，文字是书籍的第一组成要素。中国自商代就已出现较成熟的文字——甲骨文，从甲骨文的规模和分类上看，那时已出现了书籍的萌芽。到了周代，中国文化进入第一次勃兴时期，各种学术流派和学说层出不穷，形成了百家争鸣的局面，作为文字载体的书籍已经出现很多。周代，甲骨文已经向金文、石鼓文发展。后来随着社会经济和文化的逐步发展，又完成了大篆、小篆、隶书、草书、楷书、行书等文字字体的演变，书籍的材质和形式也逐渐完善（图1-1-1至图1-1-3）。

书籍形式的出现必定是以文字产生为基础的，我国在距今五六千年的西安半坡遗址中出土的新石器时代的彩陶上就出现了一些简单的记事符号，经过专家的推断，这很有可能就是中国汉字的雏形。可以说，我国的汉字有着十分悠久的历史，随之产生的书籍形式也就有了相应的历史。中国最早的文字是殷商时期的甲骨文，文字是用刀具刻写在龟甲或者兽骨之上的，主要是记载当时统治阶级的情况；而随后产生的金文，是铸造在青铜器具上的，也是主要用于记录王公贵族的生活状态等。但是它们存在着明显的不足：不方便保存和流行，不是以传播知识和经验为目的，也没有经过编排装订。所以，这个阶段的形态还不能称之为书籍。

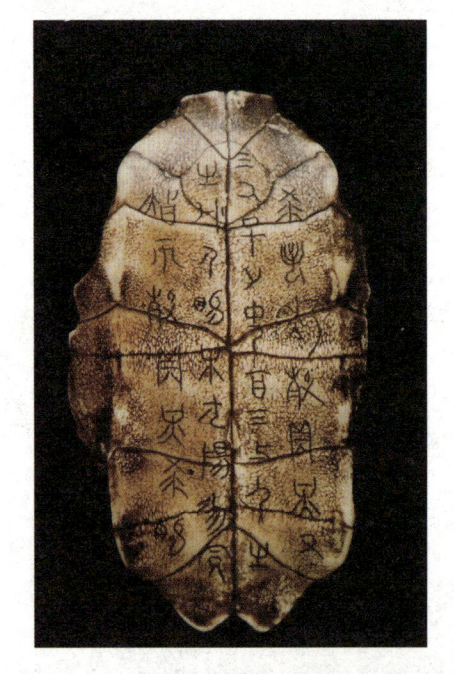

图1-1-1 甲骨文1　　　　　　　　　图1-1-2 甲骨文2

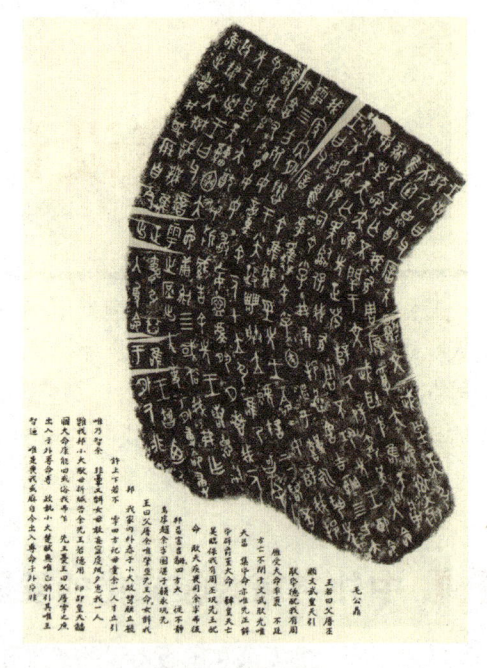

图1-1-3 金文

简牍

中国古代真正具有书籍形态雏形的应该是竹木的简牍。简牍实际是几种东西的总称，指的是竹简、木简、竹牍和木牍。简牍是在纸普及之前用来记事的载体。现在发现的简牍的所属年代主要是战国、秦汉、三国时期，最晚至西晋。简牍是中国古代书籍的最主要形式，对后世书籍的发展产生了深远的影响，直到今日，有关图书的名词术语、书写格式及写作方法，依然能看出简牍时期的影响（图1-1-4至图1-1-6）。

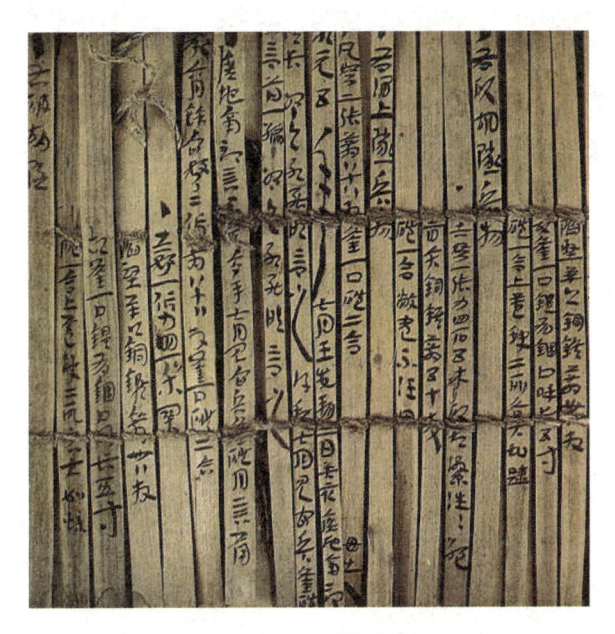

图1-1-4 简牍1

图1-1-5 简牍2

图1-1-6 简牍3

用竹片写的书称"简策",用薄木板写的书叫"版牍";超过100字的长文,就写在简策上,不到100字的短文,便写在薄木板上。一枚简牍称为"简",常写一行直书文字,"简"也成为古代书籍的基本单位,相当于现在的一页。"简"的长度一般在1米左右(三尺),较长的文章或书所用的竹简较多,所谓的"编简成策"就是用绳子、丝线或牛皮条依照次序将"简"编串起来,成为"策"或者"册"。用于简牍的书写工具主要包括笔、墨、刀,简牍上的文字用笔墨书写,刀的主要用途是修改错误的文字,并非用于刻字。简策的开头两根,不写正文,有时在其反面写书篇名,称为"赘简",相当于现代图书的封面,主要起到保护简策的作用。我国的很多古代著作都是书写于简策之上的,《尚书》《礼记》《论语》等最初都以简策的形式书写。

简策书籍最大的缺点是量大笨重,使用起来十分不方便。秦汉时期有一些大臣写公文要由两个大汉抬着入宫,可见简策作为文章载体很不方便。除此之外,由于简策是用编绳串接起来的,所以日久绳断容易产生脱简和错简的情况,很难进行复原。

帛书

帛书,又名"缯书",以白色丝帛为书写材料。帛书是将文字、图像及其他特定的符号写绘于丝织品上的书籍形式,它是纸还未发明之前重要的书写材料。其起源可以追溯到春秋时期,至汉代仍有大量的帛书。帛书有不少方面与竹简相似,有的帛书会以黑色或红色画出行格,类似今日之信笺,称为"乌丝栏""朱丝栏",模仿了简书的样子。帛书最大的优点是材质轻柔平滑,易于着墨书写,而且携带起来十分方便;最大的缺点是由于自身材质的原因,成本较高,不利于广泛使用,只能局限于贵族阶级使用(图1-1-7至图1-1-9)。

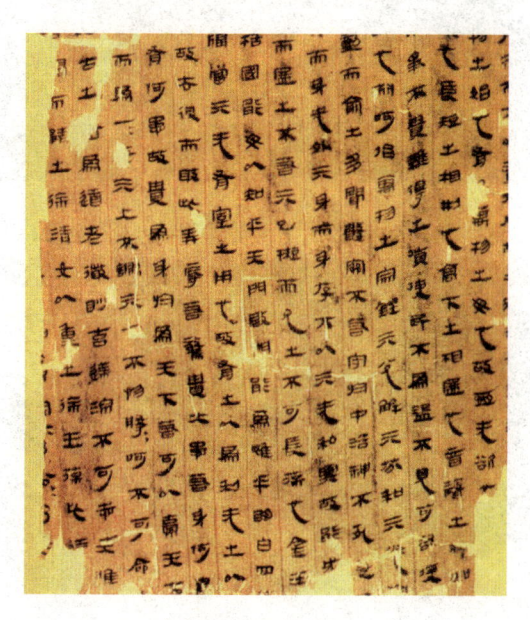

图1-1-7 帛书1

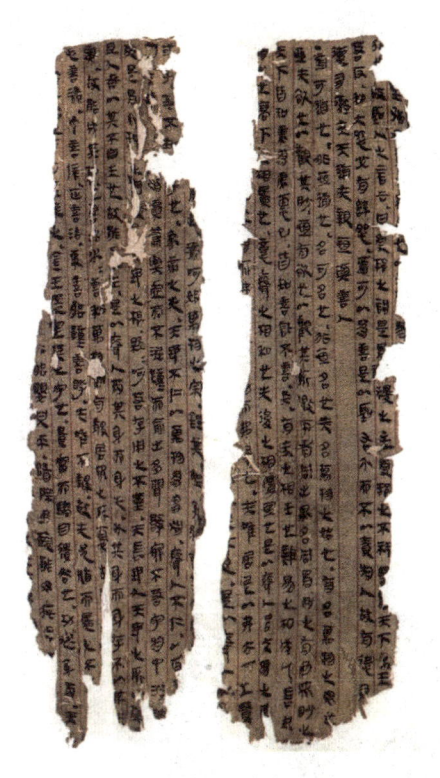

图 1-1-8 帛书 2　　　　　　　　　图 1-1-9 帛画

　　在东汉时期，蔡伦发明了造纸术，使书籍的形式发生了巨大的变化，而当时"废简用纸"的规定以及对于书写用纸颜色和规格的统一，使纸张迅速成为书籍的主要材料。而隋唐时期的雕版印刷术的发明不仅是我国文明的一次飞跃，还加快了信息传播的速度和范围，也在客观上刺激了书籍形式的改变（图 1-1-10、图 1-1-11）。

图 1-1-10 蔡伦　　　　　　　　　图 1-1-11 造纸过程

卷轴装源于帛书。卷轴装是我国历史上使用时间最久的一种书籍装帧形式，它始于春秋战国时期。这种中国最古老的装帧形式，由于其特点是将长篇卷起来，方便保存，因此，现代装裱字画仍沿用卷轴装。

卷轴装书主要由四个部分组成，分为卷、轴、褾、带。"卷"是书的主体，是以纸或者帛做成的，汉代之后均采用纸质。"轴"是用来旋转"卷"的木制的带漆细木棒，也有贵族采用珍贵的材料，如琉璃、象牙、珊瑚等制成轴，"卷"的左端卷入"轴"内，而另外一端就留在外面。"褾"是保护卷子免于破裂的，俗称"包首"。"带"是用作缚扎的，是黏附在褾头上的一种不同色彩的丝织品。

卷轴装行列有序，与简策相比舒展自如、便捷，可一纸或多纸粘裱于一起，谓一卷。但是卷轴装也有其缺点。例如，进行查阅时，必须从头打开，舒卷不是非常方便。直到雕版印刷术发明以后，由于版面的限制，书籍装帧才逐渐发展为旋风装和经折装，它们都是卷轴装向册装转变过渡的形式（图1-1-12）。

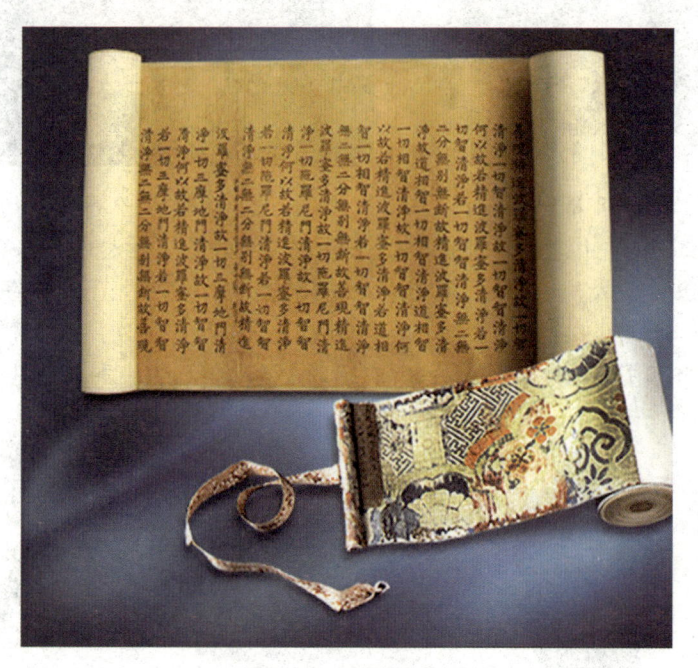

图1-1-12 卷轴装书

经折装是卷轴装后的一个装帧形式的飞跃，使书籍形式逐步走向翻页的装帧结构。最初这种书籍装订形式是由佛教传进中国的，书籍的内容主要以经文为主，因此被称为经折装。

这种书籍将本来以卷轴形式装帧的纸张，不用卷的方式，而用反复左右对折的方法折成长方形，再将纸张的首尾固定在尺寸相等的厚板纸或者木板上作为封面和封底。经折装的封面有两种形式，有封底、封面分开的，也有封底、封面连接的，加上封面的设计，这种书籍的形态已经接近现代书籍的装帧形式，因此，经折装的书籍也是中国书籍装帧历史上向册页式书籍发展的过渡。它比卷轴装更加方便翻阅，可以快速找到自己查阅的那一页，所以，在隋唐，尤其是唐代和以后相当长的时间里，经折装这种折子形式的书籍装帧形式得到了广泛应用（图1-1-13、图1-1-14）。

图1-1-13 经折装1　　　　　　　　　　图1-1-14 经折装2

我们古代的书籍装帧还有一种形式叫旋风装，旋风装实际上就是经折装的变形产物。据考证，可能是当时僧侣们诵经的时候发现经折装有些不方便，人们便在经折装的基础上进行了改进。古人利用一张大纸对折起来，一半粘在书的最前面，另一半从书的右边包到背面，粘在末页，使之成为前后相连的一个整体。如果从第一页翻起，一直翻到最后，仍可继续翻到第一页，回环往复，不会间断，遇到风吹的时候书页随风翻转犹如旋风，因此得名旋风装。这种装帧形式在唐代的时候曾经流行过一段时间（图1-1-15、图1-1-16）。

图1-1-15 旋风装1　　　　　　　　　　图1-1-16 旋风装2

唐朝末期，雕版印刷盛行，印刷数量的加大促进书籍装帧的发展，以往的书籍装帧形式已难以适应飞速发展的印刷业，促成了书籍形式的演变。蝴蝶装始于唐末五代，盛行于宋代，宋代是雕版印刷术发明后刻书的全盛时期，至元代逐渐衰落。蝴蝶装是册页的最初形式，其不像旋风装页页相连，而是书页反折，并将折口一起粘在一张包背的硬纸上。蝴蝶装就是将印有文字的纸面朝里对折，再以中缝为准，把所有页码对齐，用糨糊粘贴在另一张包背纸上，然后裁齐成书。

蝴蝶装由于翻动时书页像蝴蝶展翅，因此得名。叶德辉《书林清话》中记载，蝴蝶装者，不用线订，但以糊粘书背，夹以坚硬护面。以版心向内，单口向外，揭之若蝴蝶翼然。此装帧方法避免了经折装和旋风装在书页折痕处易断裂的现象发生，也省却了将书页粘贴成长幅的麻烦。蝴蝶装的封面大多采用硬纸，也有裱褙上绫锦丝织品的（图1-1-17、图1-1-18）。

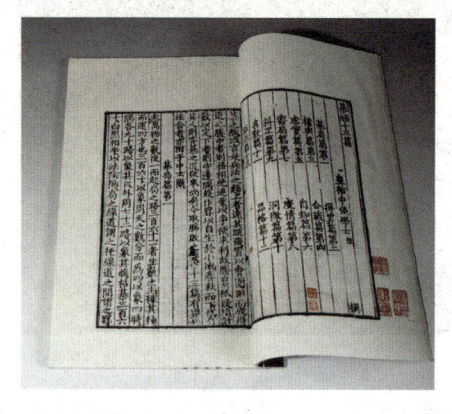

图1-1-17 蝴蝶装1

图1-1-18 蝴蝶装2

包背装，近似于现在的平装书。包背装与蝴蝶装的主要区别是对折页的文字面朝外，背向相对。张铿夫在《中国书装源流》中说："盖以蝴蝶装式虽美，而缀页如线，若翻动太多终有脱落之虞。包背装则贯穿成册，牢固多矣。"因此，到了元代，包背装取代了蝴蝶装。包背装的书籍除了文字页是单面印刷，且每两页书口处是相连的以外，其他特征均与今天的书籍相似。把印好的书页白面朝里，图文朝外对折，配页后，将书页折缝边撞齐、压平；再把折缝对面的纸边粘在供包背的纸页上，包上封面，使其成为一整本书，这样的装订方式称为包背装（图1-1-19、图1-1-20）。

图1-1-19 包背装1

包背装解决了蝴蝶装开卷就无字和装订不牢的弊病，但因这种装帧仍是以纸捻装订，包裹书背，因此也只是便于收藏，经不起反复翻阅。为了解决这个问题，明朝中期以后，一种新的装订方法便逐渐兴盛起来，这就是线装书。

图1-1-20 包背装2

线装书是中国古代书籍的基本装帧形式，它的出现也代表着古代书籍装帧技术发展到了最富代表性的阶段。据文献记载，唐末宋初已有用绳横索书背后，再连穿下端透眼横索书脊，最后系扣打结的装帧方式出现，但在明清时期才盛行起来，流传至今的古籍善本颇多。线装书在我国古籍的册页形式的书籍中，已经达到了完善成熟的程度，形成了我国特有的装帧艺术形式，具有极强的民族风格。

线装，不用整纸裹书，而是前后分为封面和封底，不包书脊，将单面印好的书页白面向里、图文朝外对折，经配页排好书码后，朝折缝边撞齐，使书边标记整齐，并切齐打洞，用纸捻串牢，再用棉线或丝线装订成册（常见的是四针眼法，也有六针眼、八针眼法），最后在封面上贴以签条，印好书根字，即书名，成为线装书（图1-1-21至图1-2-23）。

有的珍本、善本需特别保护，就在书籍的书脊两角处包上绫锦，称为"包角"，代表了古代书籍装帧技术发展到最富代表性的阶段。北宋末期出现线装书，到清代线装书成为独具民族风格的书籍装帧形式。线装书的形式是书籍装帧发展成熟的标志，这种书籍装帧形式直到中国近代社会还被广泛使用，甚至到了现代，一些书画、字帖和古籍书还是采用线装这种装帧形式。

线装书的材质已经使用较为成熟的纸质材料，书册相对比较柔软，所以就出现了函套设计。线装书套多用纸板制成，包在书的周围，即前后左右四面的上下切口均露在外面，也有用夹板保护的；书籍的四合套和六合套，在开启处挖成多种图案形式，如月牙形、环形、方形、如意形等。书函是以木做匣，用来装线装书，匣可做成箱式，也可做成盒式，开启方法各不相同。制匣多用楠木，取木质本色，也有用纸做成盒装的，有单纸盒和双纸盒，形式多样。函套使书籍装帧的整体设计水平又进一步得到了提高（图1-1-24）。

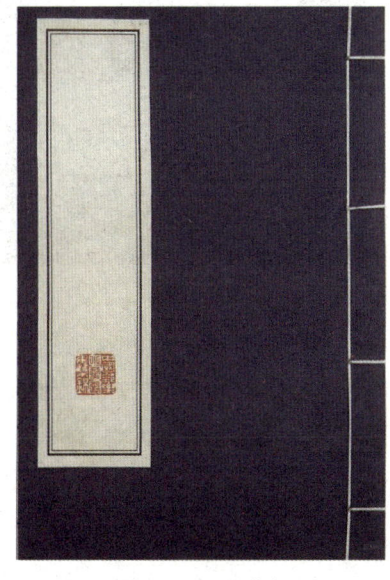

图1-1-21 线装书1　　　　　　　　图1-1-22 线装书2

图 1-1-23 线装书 3　　　　　　　　　图 1-1-24 线装书书函

1.1.2　外国早期的书籍装帧

约公元前 3500 年，苏美尔人发明了楔形文字，这种源于底格里斯河和幼发拉底河流域的古老文字是世界上最早的文字之一。苏美尔人的文字最初刻在石头上，但因美索不达米亚的石头很少，同时又不生长纸草，于是他们把文字写在软泥板上，然后把它烘干，泥板在晒干或烘干之后可以长期保存。这种文字后来被巴比伦人、亚述人和波斯人广泛采用，对科学文化的交流与传播起到了重大的作用（图 1-1-25）。

图 1-1-25　楔形文字

古埃及人不仅发明了象形文字，还用当时盛产于尼罗河三角洲的纸莎草的茎制成纸，称为莎草纸（图 1-1-26）。纸卷在木头或者象牙材质的柱状体上，呈卷轴的状态，这也是目前可认知的一种书籍形态。古埃及人将莎草纸出口到古希腊等古代地中海文明地区，甚至传播到遥远的欧洲内陆和西亚。莎草纸一直被使用到 8 世纪左右，后来由于造纸术的传播而退出历史舞台；在埃及，莎草纸一直使用到 9 世纪才被从阿拉伯传入的廉价纸张代替。

图 1-1-26 莎草纸

　　莎草纸消亡以后，制作莎草纸的技术也因缺乏记载而失传。后来跟随拿破仑远征埃及的法国莎草学者虽然收集到古埃及纸的实物，也没能复原其制造方法，直到20世纪60年代，埃及首任驻中华人民共和国大使哈桑拉杰布先生再造了制作莎草纸的技术。

　　在古罗马时期，罗马人发明了蜡版书，就是在蜡板上进行书写，而蜡板就是涂有蜡的小木板，一般采用黄杨木或者其他木材制成。具体做法为在木板表面涂上一层蜡质，使用象牙或者金属制成的雕刻器具尖锐的一端在木板上进行刻画，而另外扁平的一端则用来修改文字并涂抹出新的平面。蜡版书是世界上最早的、可重复使用的记事簿，也是最原始的一种图书之一，由于其可以反复地进行使用，罗马人在日常生活（如通信和记事）和行政方面经常使用这种工具。

　　羊皮纸于公元前2世纪出现于小亚细亚的帕加马。埃及托勒密王朝为了阻碍帕加马在文化事业上与其竞争，严禁向帕加马输出埃及的莎草纸。公元前170年左右，帕加马国王欧迈尼斯二世发明了羊皮纸（图1-1-27）。羊皮经石灰处理，剪去羊毛，再用浮石软化，然后裁剪成页，或连缀成册，或粘成长幅，便成了这种新的书写材料。事实上，羊皮纸并不仅由羊皮做成，有时也用小牛皮来做。羊皮纸之所以会逐渐取代莎草纸的原因在于，它两面都能书写，而且能够让鹅毛笔的书写呈现饱满的色彩，经久耐用，装订成册也不成问题；缺点是相当昂贵，制作也比较耗时耗工。从公元前2世纪起，欧洲社会普遍使用羊皮纸与莎草纸，14世纪起逐渐被中国的纸所取代，但仍有些国家使用羊皮纸书写重要的法律文件，或用于某些正式场合，以示庄重。羊皮纸的出现，使国外的书籍的形式发生了真正的改变，它的形式从卷轴变成了册籍，一本册籍书的内容相当于好几卷的卷轴书内容，册籍比卷轴更利于人们阅读，也易于携带，便于收藏。

图 1-1-27 羊皮纸

在国外印刷术发明之前，书的出版复制都是以手抄本的形式完成的。当时，抄书人制作手抄本时，偶尔会在每个章、节或者段落的开始处，用木头做的浮刻大写字母压印在纸上。然而，这种木版雕刻也源自中国，它的制作方法就是在一块雕刻了图案或者文字并且凸出的木板上着油墨，然后覆盖上纸进行拓印。在15世纪的欧洲，木版雕刻的内容大部分为宗教题材，而这一时期由于全开纸拓印的局限性，四开的小册本就出现了，并渐渐发展成一种书籍类型。与此同时，书籍的装帧艺术也得到了极大的发展。当时的教堂和教会将文字和书籍看得相当重要，认为书籍是神的精神容器，经常不惜成本加以装饰。书籍封面起着保护装饰的作用，材料多选用皮质，有时配以金属的角铁、搭扣使其更加坚固；黄金、象牙、宝石等贵重材料也经常用于装饰封面，昭示着书籍拥有者的社会地位，这使西方很早就确立了坚实华丽的"精装"书籍传统（图 1-1-28 至图 1-1-30）。

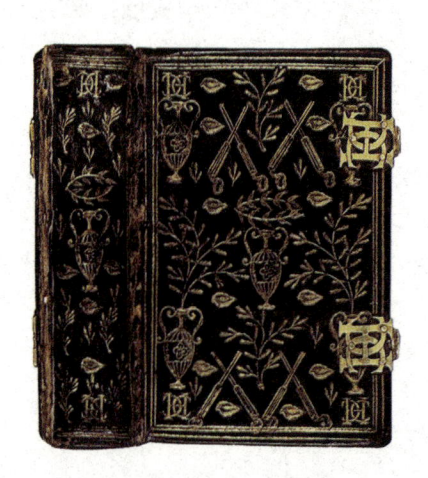

图 1-1-28 精美的古书

图 1-1-29　西方精装古书籍

图 1-1-30　木刻版

纸的出现，促使印刷技的发展。中国在公元 2 世纪初就发明了造纸术，而大约在 13 世纪，才经阿拉伯传入西欧国家。不过到了 15 世纪初，纸张才开始被西方广泛使用。因为当时纸张的基本成分为破布，与之前使用的羊皮纸具有不同的表面特质，并且它比较脆弱，容易破损。起初只被当成劣等羊皮的替代品不被重视，一直到 14 世纪晚期的时候，纸张在许多用途上的优势渐渐地显示出来，并且被大量生产，至此，纸张才开始在西方被广泛使用（图 1-1-31）。

图 1-1-31　纸质书籍

随着欧洲航海业的发展，各地区的交流逐渐频繁，各地的经济和文化迅速发展，人们的视野也开阔起来，人们对书籍的需求也随之增大。这些都在客观上刺激着欧洲现代印刷术的发明，各个国家都在积极探索新型的印刷方法。

欧洲印刷的真正起点与活字印刷的发明紧密相连。15世纪，真正把活字印刷技术发展完善的是一位叫约翰·谷登堡的德国人，他于1448年前后发明用铅合金制成活字版，他被誉为金属活字印刷术的发明者。其实，活字印刷术在中国早已出现。活字印刷术是在11世纪中期，中国北宋庆历年间（1041-1048）毕昇所发明的，字版是先用木，后以泥为原料制成，这是世界上最早的活字，它比谷登堡发明的活字早400多年。谷登堡活字印刷的原理是把很多金属活字组合在一起，工人可以随意挑选文本所需活字。1455年，谷登堡运用金属活字印刷术，印出完整的书籍——《四十二行拉丁文圣经》（图1-1-32、图1-1-33）。

图1-1-32 约翰·谷登堡 　　　　图1-1-33 《四十二行拉丁文圣经》

这是第一本因其每页的行数而得名的印刷书，这本书也是活字印刷史上一个决定性的里程碑，具有跨时代的意义，从此欧洲走向了从手抄本到印刷本的过渡时期。书的文字印刷完成后，还要插入图画与各种装饰，这就要靠手工绘制装饰，如首写字母和框饰等，并加上标点符号。还要运用带有插图的木版，因为最初活字版与木版是分开印刷的，后来为了提高工作效率，木版便被插到活字印版中一起印刷（图1-1-34、图1-1-35）。

图1-1-34 活字版与木版印刷1 　　　　图1-1-35 活字版与木版印刷2

摇篮本是专指自 15 世纪 50 年代至 15 世纪末这一时期，对早期活字印刷文献的称呼，摇篮本在字体、标点符号、版式及纸张等方面均与后来的印刷物有所不同。17 世纪中叶，欧洲开始流行收藏摇篮本，18 世纪晚期这种风尚在英国达到高潮。摇篮本仍保持手抄本体裁，字首均留空白以红字填写或装饰花边，刊记都在末页而没有标题页，甚至许多没有刊印年月、刊印者名字、页码等项，开本早期较大，多为对开本（Folio）或大型四开本（Large Quarto）。其时各印刷者所用活字都自铸，有自己的独特字体，其中比较有名的有谷登堡等人发明的哥德体（Gothic）（图 1-1-36）。

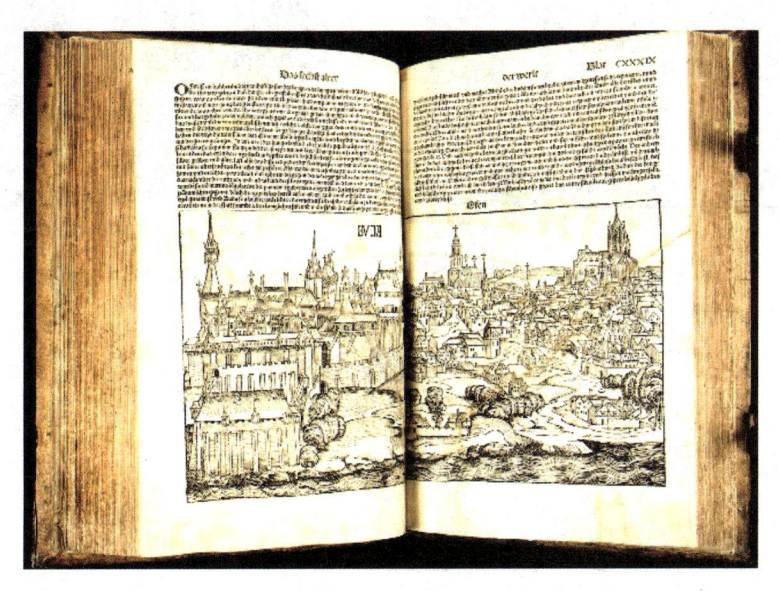

图 1-1-36 摇篮本

文艺复兴是 14 世纪在意大利兴起，16 世纪在欧洲盛行的一场思想文化运动。而在 15 世纪末开始，德国的印刷术以及设计艺术流传到欧洲各国，使欧洲在这个时期的书籍设计得到了高速发展，其中以平面设计和字体设计最为突出。欧洲新生的资产阶级逐步取代教会在艺术与文化领域上的地位，其显著特点是人成为社会生活与艺术的核心，而对神的歌颂与肯定逐渐弱化，书籍成为大众的阅读品而不仅仅是宗教的专利。文艺复兴时期，人文主义者从中世纪的传统中解放出来，挽救并恢复古典理论文本的原貌，修编后重新发行，这样便与出版商和印刷商紧密合作，使图书行业产生了一次质的飞跃。这一时期，各国的印刷技术与印刷方法都在不断地改进和提高。

在文艺复兴的中心——意大利，书籍装帧大量采用花卉、卷草图案，并广泛运用在书本中；而在版面的组织和编排方面，书籍的版面设计逐渐取代了木刻制作与木版印刷，文字和插图可以灵活地排放在一起。书籍出版业的繁荣促进了相关设计的发展，涌现出了许多杰出的书籍设计家、插图设计家、版式设计家、字体设计家。书籍出版商标相应形成，标点符号、页码标示被广泛使用，使购买者与阅读者易于确认和查找（图 1-1-37、图 1-1-38）。

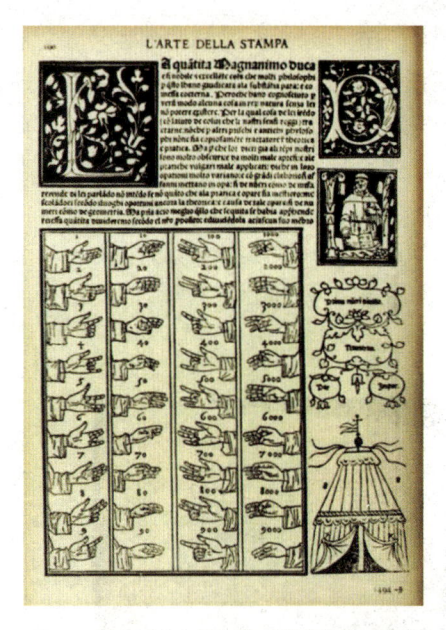

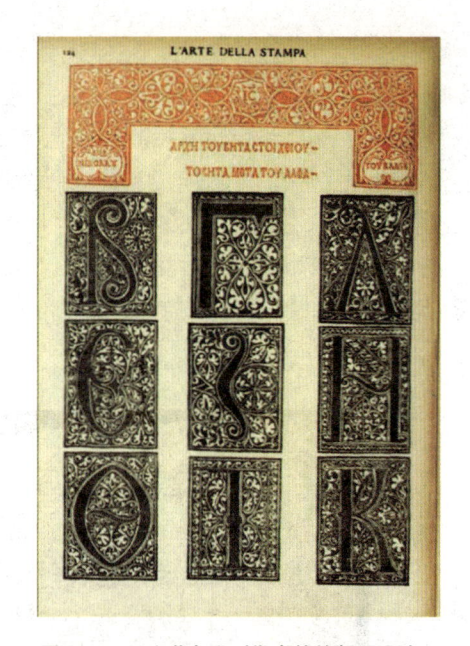

图 1-1-37 文艺复兴时期书籍的版面设计 1　　图 1-1-38 文艺复兴时期书籍的版面设计 2

阿杜斯玛努提斯是文艺复兴时期意大利书籍出版业的重要人物，他拥有自己的印刷厂，印刷出版了许多涉及宗教、哲学的书籍。他所出版的书籍中插图运用得较少，都集中于文字的排版，首写字母的装饰是书籍的主要装饰，往往采用卷草纹饰环绕首字母，在版面的整体中求变化。

1.2 近代书籍设计的发展史

1.2.1 中国近代的书籍设计

中国近代书籍装帧艺术是随着新文化运动的兴起而兴起的。中国原有的传统装帧作为整体中国书籍装帧艺术的分支被保留下来，但由于受西方文化的影响，中国书籍装帧产生了新的装订方式和书籍形态。同时西方铅印技术和印刷纸张技术的发展促进了中国的近代装帧艺术的发展，由此产生了装帧方法在结构层次上的变化，封面、封底、扉页、版权页、护封、环衬、目录页、正页等，成为新的书籍设计的重要元素。现代电子技术的发展，更引起印刷业的日新月异的变化，这是不争的事实。但是，中国古代的书籍艺术仍然是指引中国书籍设计进步的重要航标之一。因为，虽然古代书籍的技术已无法与今日的印刷技术相提并论，但一本纸质书的基本功能要求，依然是本质的、稳定的，没有太大变化。

当时在中国装帧艺术界最具有影响的人物有鲁迅、陶元庆、司徒乔、孙福熙、丰子恺、钱君匋、张光宇等。

鲁迅先生虽然不是专职的装帧艺术家，但由于他在文学艺术领域有深厚的修养，他的印刷知识极为丰富。因此,他亲自动手设计了不少书籍。在旧时出版界,人们把装帧设计看作是匠人的工作,但鲁迅对装帧设计者的态度则是爱护与尊重的,他请人画封面,允许设计者在图案适当的位置签上自己的名字,以示负责和荣誉。陶元庆为鲁迅设计的封面,就签上"元庆",直到今天封皮上装帧设计者的名字,也是由此演变而来的。另外他在一封信中又说,"璇卿兄如作书面,不妨毫不切题,自行挥洒也。"强调书籍装帧是独立的一门绘画艺术,承认它的装饰作用,不必勉强配合书籍的内容,这正是出版界多年来所忽略的地方。

在鲁迅先生的影响和直接关怀下,那段时间是我国书籍装帧艺术的开拓期、繁荣期,巩固了装帧艺术的地位,并培育了一批创作队伍。为装帧设计者在出版界争得一席之地,足以证明鲁迅先生对装帧设计工作的关怀和倡导,他还对书籍装帧提出一些具体的改革。

①首页的书名和著者题字打破对称式。

②每篇第一行之前留下几行空行。

③书口留毛边。

利用我国传统书法装饰书衣,恐怕也是我国独有的一种特色。鲁迅、胡适、蔡元培、刘半农、郭沫若、周作人、郑振铎等都不止一次地以书法装饰书衣。一颗红色名章更使书面"活"了起来,相信这种形式今后还会继续运用下去(图1-2-1至图1-2-4)。

图 1-2-1 《莽原》封面设计

图1-2-2 《呐喊》封面设计

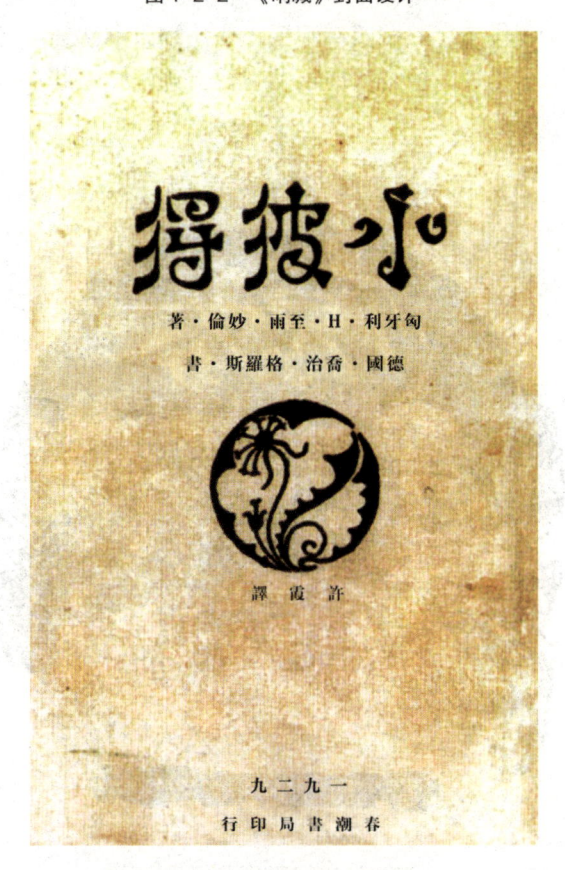

图1-2-3 《小彼得》封面设计

图 1-2-4 《引玉集》封面设计

新文化运动后，经过前辈书籍装帧艺术家奠定的基础，中国近代书籍装帧艺术逐步形成具有民族气质的特色，在世界书林中独具魅力，并不断朝着民族化与世界化的发展一步一步地迈进。

从抗战胜利到 1949 年是中国书籍装帧艺术的又一个收获期，以钱君匋、丁聪、曹辛之等人的成就最为突出。丁聪的装饰画以人物见长，曹辛之则以俊逸典雅的抒情风格吸引了读者的注意，老画家张光宇、叶浅予、池宁、黄永玉等也有创作。

1949 年以后，我国出版业的飞跃发展和印刷技术与工艺的进步，为书籍装帧艺术的发展开拓了广阔的前景，中国的书籍装帧开始呈现多种形式、多种风格并存的格局。进入 20 世纪 80 年代，改革开放政策极大地推动了装帧艺术的发展，西方先进的设计理念和设计形式为我国装帧业开辟新的道路提供了参考，装帧业曾一度"如饥似渴"地汲取国外现代设计成果的新鲜营养。在此期间，参考和模仿相当普遍，抄袭现象亦在所难免。而随着设计领域国际化的进程，国际性的交流日趋频繁。近些年来，我国的装帧设计也逐渐从非我走向自觉，结束了对国际信息资料极大丰富的兴奋和依赖，开始了冷静思考和独立运作的新里程，并随着经济文化的腾飞而逐渐融入世界。

装帧设计和其他设计一样，受到新媒介、新技术的挑战，从而发生了急剧变化，这个刺激因素就是电脑技术的发展，它能迅速地完成设计过程，日益取代了从前的手工式劳动。

随着现代设计观念、现代科技的积极介入，中国书籍装帧艺术更加趋向个性鲜明、锐意求新的国际设计水准。设计在新的交流前提下出现了统一中的变化，出现了设计在基本视觉传达良好的情况下的多元化发展局面，个人风格的发展并没有因为国际交流的增加而减弱或者消失，而是在新的情况下以新的面貌得到发展。

20 世纪 90 年代以后，大量国外优秀书籍设计的资料被翻译出版，极大地开阔了书籍设计师的视野。同时，现代设计观念和现代科技的积极介入，使我国的书籍装帧艺术水平逐渐增高，逐渐走向国际。此外，在借鉴外国设计形式以及传承民族传统设计元素方面,我国的设计工作者也做了大量的研究和努力。

1.2.2 国外近代书籍设计

现代工业的发展带来了书籍生产以及设计格局的重大转变。在工业化、民主政治和城市化浪潮的推动下,19世纪的书籍出版由传统的手工业转变为出版社的机械化生产,印量成倍增长。同时,报纸和杂志的发行量也猛增,从而出现了大众传播的社会现象。但是大工业生产也带来了很多问题,分工的细化以及资本家单纯地为了追求利益,致使书籍设计失去了原有的质量,呈现商业化设计的趋势。在这种情况下,许多艺术家便投入了书籍艺术的革新运动中,他们的共同愿望是反对当时正在泛滥的文化虚无主义,这场设计运动首先从书籍的印刷字体开始,在版面设计中展开,逐步扩大到插图艺术和封面设计上。

英国的工艺美术运动

工艺美术运动(The Arts & Crafts Movement)是19世纪下半叶起源于英国的一场设计改良运动。工艺美术运动产生的背景是工业革命以后,大批量工业化生产和维多利亚时期的烦琐装饰两方面同时造成的设计水准急剧下降,导致英国和其他国家的设计师希望能够复兴中世纪的手工艺传统。书籍设计可谓是工艺美术运动中比较有成就的一项,以威廉·莫里斯为代表的工艺美术运动设计师带动了革新书籍艺术的风潮。为了扭转莫里斯等人的复古风设计,戴依、杰西·金等设计大师,创作了各种精美的书籍,他们致力于设计漂亮的字体,讲究的版面、图案以及插图设计,无论在字体,还是插图、版式方面都形成了独特的风格,影响了很多后来的平面设计师和插图画家(图1-2-5、图1-2-6)。

图 1-2-5　莫里斯作品 1

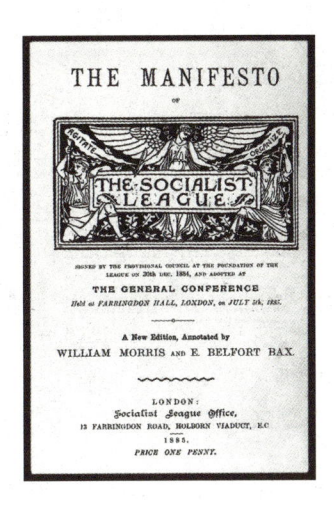

图 1-2-6　莫里斯作品 2

新艺术运动

新艺术运动开始于 19 世纪末，是设计史上一次重要的运动。装饰艺术运动是传统设计与现代设计之间的一个承上启下的重要阶段，其中包括因时髦的先锋派期刊《青年》而得名的德国青年风格，维也纳的维也纳分离派运动，等等。艺术运动以自然风格作为自身发展的依据，强调自然中不存在直线，在装饰上突出表现曲线和有机形态。这种风格中最重要的特性就是充满活力、波浪形和流动的线条，这种风格影响了建筑、家具、产品和服装设计，以及图案和字体设计。

新艺术运动在书籍设计方面取得成果最多的主要是德国青年风格派和维也纳分离派。德国青年风格派最具有代表性的人物就是彼得·贝伦斯，他设计了一种新颖的字体，从而使当时德国杂乱无章的书籍版面得到了稳定。而维也纳分离派的设计大师莫塞，他的书籍装帧、插图的设计，多以黑白色为主，明快、大方，更接近现代主义风格，其美学观点比其他人更加前卫与理性化，体现出欧洲设计从摆脱传统到走向现代的过渡风格，其影响十分深远（图 1-2-7、图 1-2-8）。

图 1-2-7　莫塞的书籍装帧、插图的设计 1　　图 1-2-8　莫塞的书籍装帧、插图的设计 2

现代主义运动

现代主义设计是从建筑设计发展起来的。20 世纪 20 年代前后，欧洲一批先进的设计师、建筑师形成了一个强力集团，推动所谓的新建筑运动。这场运动的内容非常庞杂，其中包括精神上、思想上的改革，也包括技术上的进步，特别是新的材料的运用，从而把千年以来设计为权贵服务的立场和原则打破了，也把千年以来建筑完全依附于木材、石料、砖瓦的传统打破了。继而，从建筑革命出发，又影响到城市规划设计、环境设计、家具设计、工业产品设计、平面设计和传达设计等，形成真正完整的现代主义设计运动。其中，德国现代主义设计运动、荷兰风格派运动、俄国构成主义运动等都是现代主义设计旗帜性的代表。

俄国构成主义的代表人物是李西茨基，他的设计风格简单、明确，以简明扼要的纵横版面编排为基础。李西茨基代表性的书籍设计是儿童画册《两个方块的故事》（图 1-2-9）。书籍版式呈现出明显的构成主义风格，每一页的版式在编排中力求协调统一，使读者能够轻松地完成阅读过程。

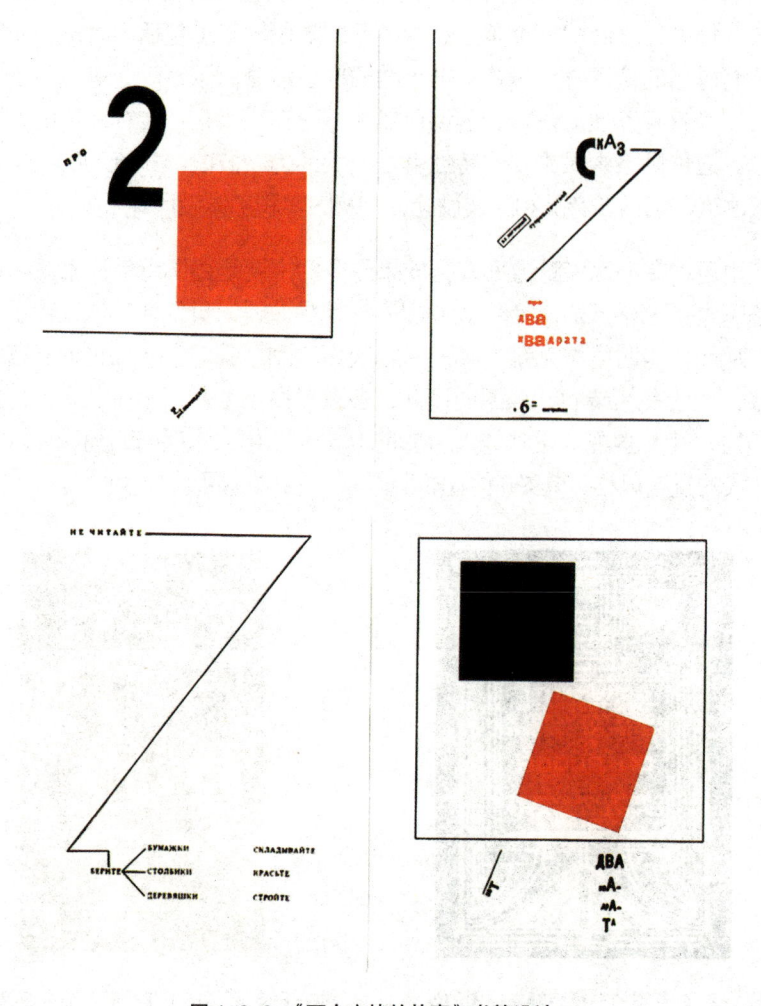

图 1-2-9 《两个方块的故事》书籍设计

德国现代主义设计运动的代表是以瓦尔特·格罗皮乌斯为首开办的包豪斯设计学院。包豪斯设计学院的成立标志着现代设计的诞生,它培养了大量的建筑、产品、平面设计等各类人才,对世界现代设计的发展产生了深远的影响。包豪斯的平面设计基本是在荷兰的"风格派"和俄国的"构成主义"双方的影响下形成的。因此,其具有高度理性化、功能化、简单化、减少主义化和几何形式化的特点,具有突出贡献的重要人物是莫霍利-纳吉和赫伯特·拜耶。

莫霍利-纳吉是大量采用照片拼贴和抽象摄影技术来从事书籍设计的先锋人物之一,他有大量的设计作品,以书籍设计最为突出。他的设计强调几何结构的非对称性,完全不采用任何装饰细节等,具有简单扼要、主题鲜明和时代感等特点。他还擅长把自己对现代设计的理解和研究成果转化到设计作品中,如对现代印刷字体的创造与运用、电影的蒙太奇手段的运用、摄影作品的拼贴等。他注重空间比例分割、色彩的对比调和、抽象的构成方法、构成文字化图形的结合,简洁鲜明,达到了迅速传达信息的效果。

赫伯特·拜耶负责包豪斯的印刷设计系。拜耶的设计风格常常是由强烈的视觉形象,几行斜的印刷字体,以及水平线、垂直线、斜线等组成动态构图,以点、线、面合理分割画面,以非对称的形式构图。20世纪20年代末,他成为《VOGUE》杂志的艺术设计总编,开始投入商业刊物的平面设计工作,并且开始广泛采用刚刚出现的彩色摄影来设计封面和插图。《VOGUE》杂志在1930年至1936年的风格被称为"新线",这个风格的创造人就是拜耶。

1917年至1928年,蒙德里安等人在荷兰创立荷兰风格派,其宗旨是完全拒绝使用任何具象元素,只用单纯的色彩和几何形象来表现纯粹的精神。用来维系这个集体的是当时的一本杂志——《风格》,它的设计特点与构成主义的编排方式相似。《风格》杂志具有风格派运动的特色,因此它成为运动思想和艺术探索的标志(图1-2-10)。

图1-2-10 《风格》杂志

包豪斯出版的校刊《包豪斯》成为包豪斯现代平面设计试验的园地。这份刊物的大部分封面和版面设计都是由纳吉主持设计的，拜耶也参与了大量的具体设计工作。这份刊物的设计广泛采用了无边饰字体，简单的版面编排和构成主义的形式，突出了现代平面设计的功能性特点（图 1-2-11）。

图 1-2-11 《包豪斯》杂志封面

第二章

书籍与装帧艺术的概述

书籍是人类用来记录一切成就的主要工具，也是人类用来交流感情、获得知识、传承经验的重要媒介，对人类文明的开展有较大的贡献。迄今为止，发现最早的书是约公元前 3000 年古埃及人用纸莎草纸所制的书。随着中国的造纸术和雕版印刷术的发明，开启了人类历史新篇章：将纸张装订在一起，于是有了一本本的书。直到 15 世纪古腾堡印刷术的发明，书籍才作为普通老百姓能承受的物品，从而得以广泛传播。在掌握知识、获得能力的同时，书籍的美观开始受到人们的重视，并形成了一门独特的艺术——装帧艺术。

2.1 书籍与装帧的释义

文字的出现，起到了承载知识、传播文化的作用，它也是书籍产生最根本的条件。图形语言的具象与简明，成为人类思想的衍生品。文字和图像作为现代日常生活中沟通以及传播信息的符号，在文化生活中具有重要的价值。

"书"指的是一种由一沓书页构成，精装或简装在一起的物品。《牛津简明英语词典》提供了两种关于图书的释义。

① 可以携带的手写或印刷在一些纸张上的论文。

② 写在很多纸上的文字组合（图 2-1-1 至图 2-1-4）。

图 2-1-1　精装书　　　　　　图 2-1-2　平装书

图 2-1-3 线装书　　　　　　　　　图 2-1-4 经折装书

这两种简单释义给我们提供了图书的两个关键因素：一是描述了纸张印刷并且便于携带的物理特征；二是提到了写作和文学性的特点。联合国教科文组织对"图书"的定义为凡由出版社（商）出版的不包括封面、封底在内 49 页以上的印刷出版物。

法国弗雷德里克·巴比耶教授在其著的《书籍的历史》一书中提出的定义是：包括一切不考虑其载体、重要性、周期性的印刷品，以及所有承载手稿文本并有待传播的事物。因此，"书籍是人类进步的阶梯"，是人类文明传承的重要工具，对书史的研究一向被认定是学科之间的学科，它涉及的领域广泛，不但与文学史相关，还与技术、经济、社会、政治等学科的历史紧密联系。图书是由一系列印刷并固定在一起的纸张组成的，可以跨越时空将知识保留，广而告之，详细讲述，传播给识字读者的一种便于携带的载体。

高尔基对书籍有这样的评价："热爱书籍吧！书籍是知识的源泉，只有书籍才能解救人类，只有知识才能使我们变成精神上坚强的、真正的、有理性的人。唯有这种人能真诚地热爱人，尊重人的劳动，衷心地赞赏人类永不停息的伟大劳动所创造的最美好的成果。"可见，书籍对人类的影响是难以衡量的。书籍是社会产品，它既是物质产品，也是精神产品。书籍设计对于人类文明进步也起着重要作用，好的书籍设计不仅在于设计的新颖，更在于书的内容编排，以及印制物化与整体关系贴切，这样人们可以十分清晰地读到书中的内容。

书籍是供人们阅读的艺术载体，各个艺术门类都通过不同的载体表达各自的艺术情感。书籍装帧艺术的审美方式是立体的、动态的，呈现出明显的延续性、间歇性的时间特征，甚至与触觉也紧密相连。人们从视、听、触、闻、味五感体会书籍的这种独特审美方式，它使书籍装帧成为一门独立的艺术门类。

"装"字来源于中国古代卷轴装、简策装、经折装、线装，"装"字也是取"装潢美化"的意思。"帧"字原用于字画的计数，用在书籍上就是将书页装订成册，即装帧。

从书籍的外部形态设计、印刷工艺、印刷材料的选择来看，书籍是立体存在的。从书的三维角度来看，书籍装帧设计已经成为一个立体的、多侧面的、多层次的系统工程，我们所完成的书籍装帧设计是书籍立体成型设计的全过程。

印刷是最具有影响力的传播工具之一，它改变了人类的思维、文化和经济发展的进程。在历史发展的长河中，无论是宗教和政治，还是医学、自然科学、文学地理，每一门知识学科的传承都离不开书籍。

书籍这种古老的媒介形式，在人类漫长的发展过程中承载着人类的精神与思想。从最早的甲骨刻字到木牍、竹简等，书籍所记载的是文明的发展脉络。早期的书籍以记录功能为主，以传达功能为辅。现代意义上的书籍形态是在人类早期书籍形态的基础上发展而来的，在社会产生变革后才出现。书籍的内容必须通过一定的载体才能被反映出来，不同的载体产生不同形态的书，书的形态也在一定程度上反映了当时的社会意识。我们所熟悉的书籍形态是六面体的"知识存储器"，但在当今信息万变的多媒体时代，随着社会文化、经济、环境的改变，书籍形态也将随着社会的发展而改变（图 2-1-5 至图 2-1-11）。

图 2-1-5 书的形态 1

图 2-1-6 书的形态 2

图 2-1-7 书的形态 3

图 2-1-8 书的形态 4

图 2-1-9 书的形态 5

图 2-1-10 书的形态 6　　　　　　　　　图 2-1-11 书的形态 7

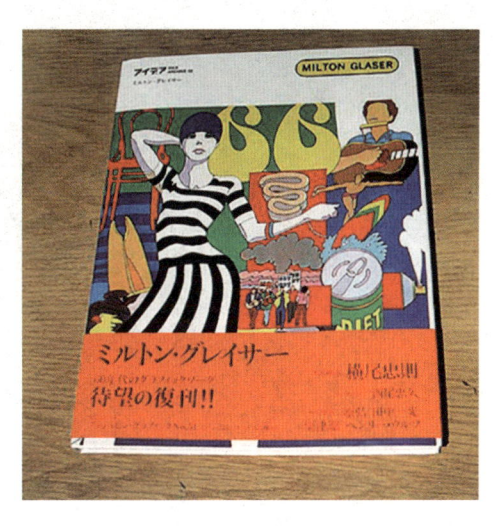

2.2 书籍设计的功能与目的

《书林清话》中记载："凡书之直之等差，视其本，视其刻，视其纸，视其装，视其刷，视其缓急，视其有无。本视其抄刻，抄视其讹正，刻视其精粗，纸视其美恶，装视其工拙，印视其初终，缓急视其时，又视其用，远近视其代，又视其方。合此七者，参伍而错综之，天下之书之直之等定矣。"由此可见，书籍设计的好坏是有标准的。

书籍装帧的功能分为两个方面：一是实用功能，二是审美功能。实用功能是书籍的基本功能，而审美功能涉及书籍的艺术表现力。书籍装帧具有承载书稿内容的功能、利于阅读和引导的功能、促进购买的功能、对书籍的识别功能、对书籍的保护功能等。书籍设计是营造外在书籍造型的构想和对内涵信息传递的理性思考的学问，是在设计师对书的内容准确地领悟和理解后，经过周密的构思、精心的策划和印刷工艺的运筹等过程形成的。书籍设计不仅仅是一种设计，而应从书中挖掘传播的信息，运用理性化的设计规则来表达出全书的主题。通过书籍的形态，严谨的、有韵律感的文字排列，准确直观的图像选择，有规则、有层次的版面构成，有动感的视觉旋律，完美和谐的色彩搭配，合理的纸材应用和准确的印刷工艺，寻找与书籍内涵相关的文化元素，从视觉表达上展现书的内容，启示读者，达到书籍设计与阅读功能的完美结合。

2004 年，吕敬人为香港某书籍设计展做了一本书，书名叫《翻开：当代中国书籍设计》。在他看来，翻开就是设计的目的。书籍设计是将文本的语境通过视觉手段充分传达给读者，这是设计最根本的目的。书是用来阅读的，这是它的最终功能。阅读以视觉过程为基础，易读性则是其重要的先决条件。书籍设计者的任务是将内容和不同级的文本层进行结构化设计，并将其与各种设计元素协调组合，以实现易读性（图 2-2-1 至图 2-2-3）。

图 2-2-1 书籍设计 1

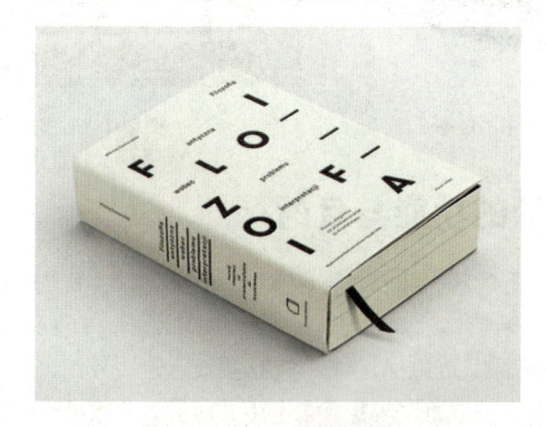

图 2-2-2 书籍设计 2

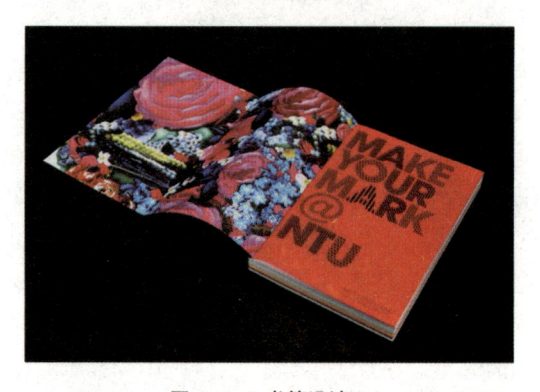

图 2-2-3 书籍设计 3

评判一本书是否美的标准是什么？第一，应该是设计和文本内容的完美结合；第二，要有创造性；第三，它是给人阅读享受的，一定在印刷和制作方面有它精致、独到的地方。当然，我们的作品还是要能够体现自身民族的文化价值、审美价值。书籍设计要让读者读来有趣、有益。因此，书籍形态设计的目的不仅要在视觉上吸引读者，更要传达该书的基本精神，通过艺术的形式帮助读者理解书籍的内容，增加读者的阅读兴趣。

一本优秀的书籍要做到内容与形式的统一，除了书籍的内容，书籍的形式美、材质美也要充分传达书籍内容的精神。书籍设计的目的不仅是装饰，也是实用功能与外部形态的完美统一。在进行书籍形态设计时，要把握可视性和可读性的特征，让读者快速地认识该书，也能方便阅读和检索。我们要用感性和理性的思维方式设计读者不得不为之动心的书籍形态。

从生产的概念来看，书籍是一种商品。书籍设计的艺术性从属于书籍的功能性，它不是艺术家肆意宣泄的艺术品。书籍装帧是为书籍内容服务、为读者服务的。因此，书籍设计承担着一定的社会责任。我们需要不断试验、组合设计元素与设计构思，寻找具有说服力的材质，并尝试革新印刷技术和工艺。

书籍的文字从刻写到抄写，从毕昇的胶泥活字印刷术到古腾堡的现代印刷术，再到今天的电子书，经历了因大大小小文本传播技术的改变而导致的载体演变；读者群也从手抄时代的少数人群，发展普及到活字及现代印刷术时代的大众群体，进而衍变到电子媒体时代的分众设计，这是书籍发展不可逆转的历史进程（图2-2-4至图2-2-11）。

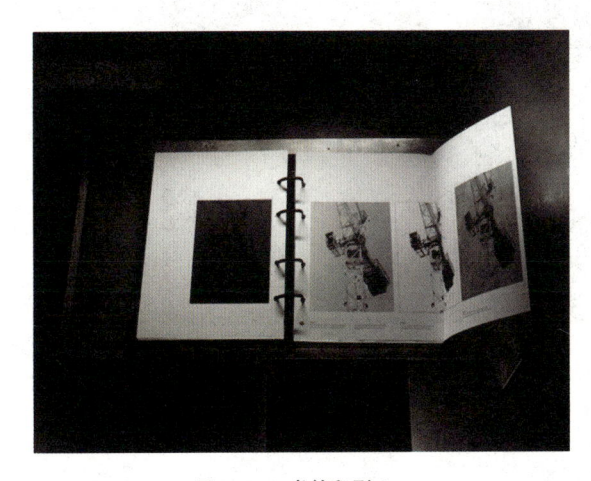

图 2-2-4 书籍印刷 1

图 2-2-5 书籍印刷 2

图 2-2-6 书籍印刷 3

图 2-2-7 书籍印刷 4

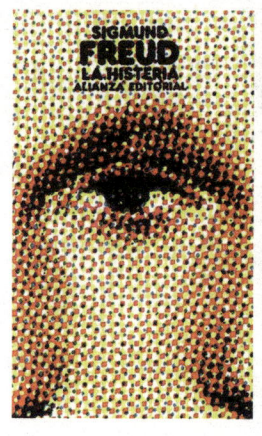

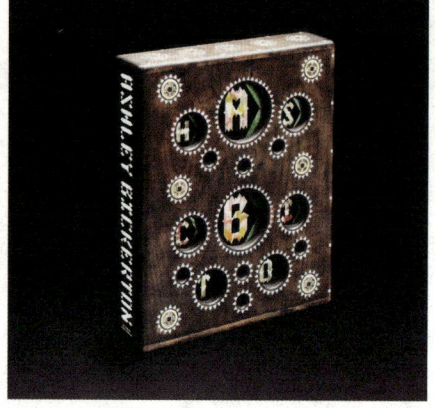

图 2-2-8 书籍印刷 5　　　　图 2-2-9 书籍印刷 6

图 2-2-10 书籍印刷 7

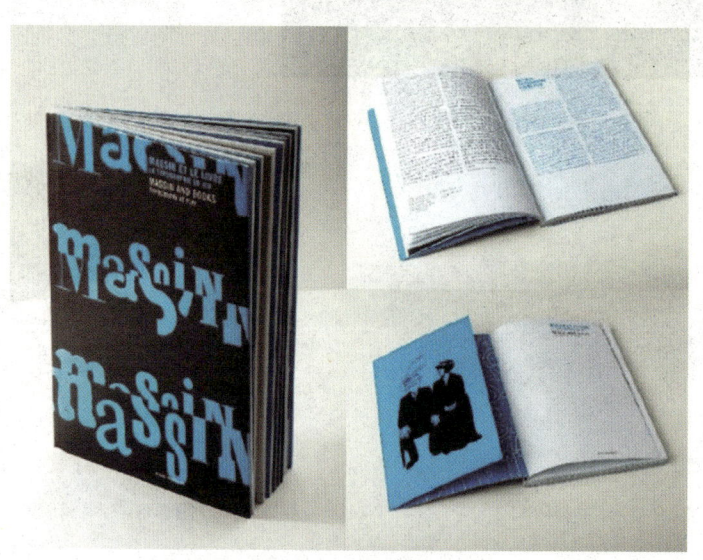

图 2-2-11 书籍印刷 8

2.3 书籍设计的艺术价值

书籍"美"是什么？回顾历史我们可以发现，"时间"是"美"的重要元素，换句话说，"美"是无标准、无定位、无界限，也不是绝对的。"标准"只是文化生活"死亡"的符号，而"美"是活生生的生活"现象"，反映出人的创作力与生活、教育、科技等各方面紧密结合所发生的综合作用。

书籍设计不仅要有功能性，还要有审美性。自我们要求美感与功能同等重要的那一刻起，仅仅从功能上发展美是远远不够的。事实上，美本身也是一种功能，美是由一个物品与生俱来的各个组成部分的和谐统一构成的，任何添加、消减或更改都会降低其美感。因此，长久看来，狭义的纯粹实用性不能满足人们的需求。美的观念经历着不断的变化，使美更加难以达到，但是人们依然在渴求书籍之美。

"书境犹在澄清志，妙语神会境中游"。书境、心境、意境、语境，书籍艺术工作者无不在原著文本的天地中寻找精神生命中最理想化、视觉化的境界表达。书籍设计将表现空间的造型语言、表达时间的节奏语言、体验时间的拟态语言相结合，既呈现感性物质的书籍姿态，又融会内在理性表情的信息传达。书之境是设计者对文本生命价值的拓展和实现原著内涵语境衍生的最高追求，即为读者创造"真、善、美"与"景、情、形"三位一体的阅读书境。

从"美"的角度去看待书籍，读书是一种乐趣，读一本好书是一种享受，而我们相信读一本拥有好设计的书，会让阅读的幸福感加倍。书籍设计大师吕敬人先生曾说，书籍的角色其实就是在读者和作者之间架一座桥，是媒人，让书和读者去"谈恋爱"。这个比喻恰到好处地诠释了书籍设计和阅读的关系。

书籍是一个带有情感的事物，不仅仅是文字的传达，而且是可以赋予美感的。书籍设计并不只是装帧上的工艺之美，更重要的是从内到外、从内容的情感表达到设计的视觉表现的全方位体现。设计，能为书籍带来视觉上的美好，也能在无意中引导读者阅读，进入书籍的情感世界，为阅读提供方便。

日本书籍设计师杉浦康平说过，书籍，不仅仅是容纳文字、承载信息的工具，更是一件极具吸引力的"物品"。它是我们每个人生命的一部分。每每翻阅书籍，总会感到无比的惬意，这是因为我们会用心去感受它内容的力量，欣赏它设计的美感，有时就连翻书页的过程也觉得是一种享受。书籍是有内涵的，它的内涵超越了文字的本身，它展现给人们的不仅仅是一篇篇文章。书籍的形态会散发一种气质，加深人们对阅读的热爱，能净化心灵，带来愉悦的感受。书籍是一种艺术品，是能够把文化意图传达给读者的载体，内容固然是一本书的灵魂，但当内容与形式完美结合时，它们便具有了收藏的价值，使书籍的艺术品质得到体现。

书籍装帧属于艺术的范畴，其性质决定了书籍封面的文化性和艺术性。虽然书籍作为精神商品也卷入了市场经济的漩涡，利用封面做广告招徕征订，增加书籍的销售数量，但书籍装帧绝不等同于一般商品的包装那样随着商品的使用开始至失去价值而废弃。市场经济中书籍装帧艺术已经从以前简单的封面设计过渡到现在的封面、环衬、扉页、序言、目录、正文等书籍整体设计，从二元化的平面思维发展到三维立体的构造学的设计思路。我国先秦思想家荀子说："君子知夫不全不粹之不足以为美也。"（《荀子·劝学篇》）就是强调了美的整体性。孔子提出"尽善尽美"的审美理想，"尽"字也表达了"全部""整体"的含义，任何一本精美的书都有共性和整体性。一个物体的视觉概念，是从多个角度进行观察后的总印象，整体美这一要素贯穿于各局部之间，游离于表里之外，显现于人们的主体视觉经验中。

中国的书籍艺术有着悠久灿烂的历史，她为我们留下了宝贵的文化遗产，这是维系书籍生命力的基础。电子书籍给传统出版业带来了冲击，恰恰也给体现无穷艺术魅力的书籍载体带来了机遇。中国改革开放 30 多年给书籍设计艺术带来的最大动力就是永不满足的探索精神，让中国书籍艺术的参与者释放出无穷的设计能量，并以开放的心态，做好传承与创新、艺术与市场，从而提升中国书籍设计艺术整体水平的发展（图 2-3-1 至图 2-3-7）。

图 2-3-1 书籍设计的艺术性和价值 1

图 2-3-2 书籍设计的艺术性和价值 2

图 2-3-3 书籍设计的艺术性和价值 3

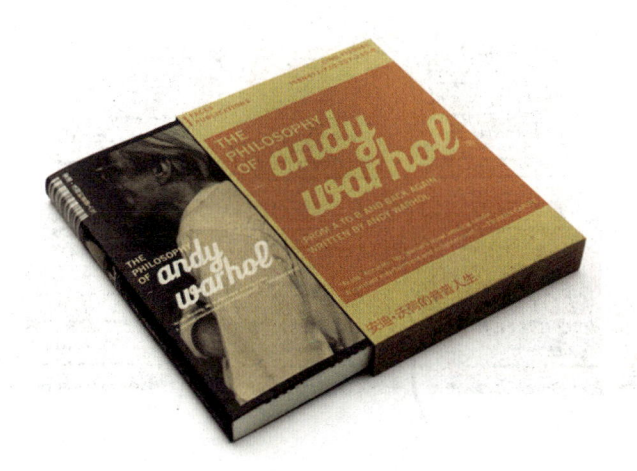

图 2-3-4 书籍设计的艺术性和价值 4

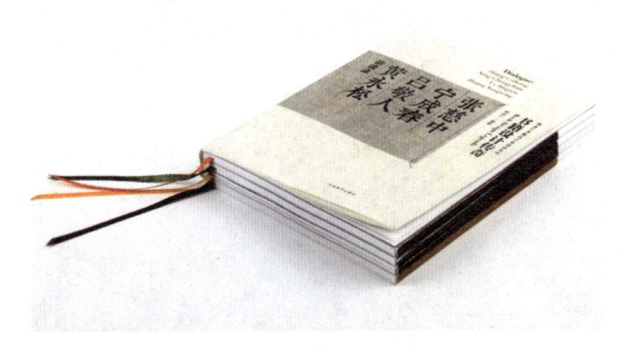

图 2-3-5 书籍设计的艺术性和价值 5

图 2-3-6 书籍设计的艺术性和价值 6

图 2-3-7 书籍设计的艺术性和价值 7

第三章

书籍装帧设计内容

何为一本好书？一本理想的书应体现和谐对比之美。和谐，为读者创造精神需求的空间，对比则是创造视觉、触觉、听觉、嗅觉、味觉五感之阅读愉悦的舞台。德国著名书籍设计家格特·冯德利希曾经说过，重要的是必须按照不同的书籍内容赋予其合适的外貌，外观形象本身不是标准，对于内容精神的理解才是书籍设计师努力的根本标志。让读者阅读起来方便、易读、有趣，并使书籍成为生活的一部分，就是一个好的书籍设计。书籍装帧设计师应更新观念，将司空见惯的文字赋予耳目一新的情感和理性化的秩序驾驭，从信息编织到视觉效果，学会始终追求由表及里的书籍整体之美，并能赋予读者一种文字和形色之外的享受，以及具有创造戏剧化想象空间的能力。

20世纪，作为信息容器的书籍形态，装帧设计师在纷繁的设计空间中，对于书的作品本身的表现已显得游刃有余，而21世纪的书籍又应如何超越过去，投入那种生动的、新鲜的，既具有叙述技巧又能传达艺术表现力的整体设计中去呢？关注当代中国的书籍设计，从书的外包装到书籍形态，从外在到内在的整体设计，书籍设计像社会的变革一样，也必须改变过去书籍装帧的老观念。我们应随之对今天的设计学、工艺学、编辑学等理论进行深入的研究和探讨，使中国的书籍设计真正进入新世纪的丰富多彩的美妙世界。

3.1 书籍外部形态的构成要素

书籍整体设计包括图书外部装帧设计和内文版式设计，决定书籍的形态、结构和生产方式的总体规划。书籍的装帧设计要恰当、科学、艺术地反映书籍的性质和内容，能尽可能地满足读者在阅读、使用和展示时对文化艺术享受方面的需要，同时又要考虑读者对图书价格的承受能力及期望值，从社会效益和经济效益(有利于扩大发行量)这两方面考虑，恰当合理地提出整体设计方案。

书籍装帧设计的内容专指书籍的造型艺术，即出版过程中关于书籍各部分结构、形态、物料应用、工艺技术的设计与制作活动的总称。

书籍的装帧设计主要包括以下几点：

① 书籍的形态

包括开本大小、厚薄、装订形式、是否分册、有无函套、有无书盒等。

② 书籍的外表形式

包括封面设计、封皮或函套的艺术形式及所选装帧材料的质地、肌理与印制工艺等。

③ 版式设计及工艺

即正文和各种辅文的编排形式、字体字号和纸张材料及工艺。

④ 插图配置

包括插图的表现形式、插入方式及位置安排、版面组合及用料和工艺。

⑤ 书籍附件的安排与制作工艺

比如配书磁盘或光盘的放置位置，制作、包装方式及相关工艺。

3.2 书籍结构元素的设计

做好书籍装帧设计之前，必须了解书籍的基本结构（图 3-2-1）。

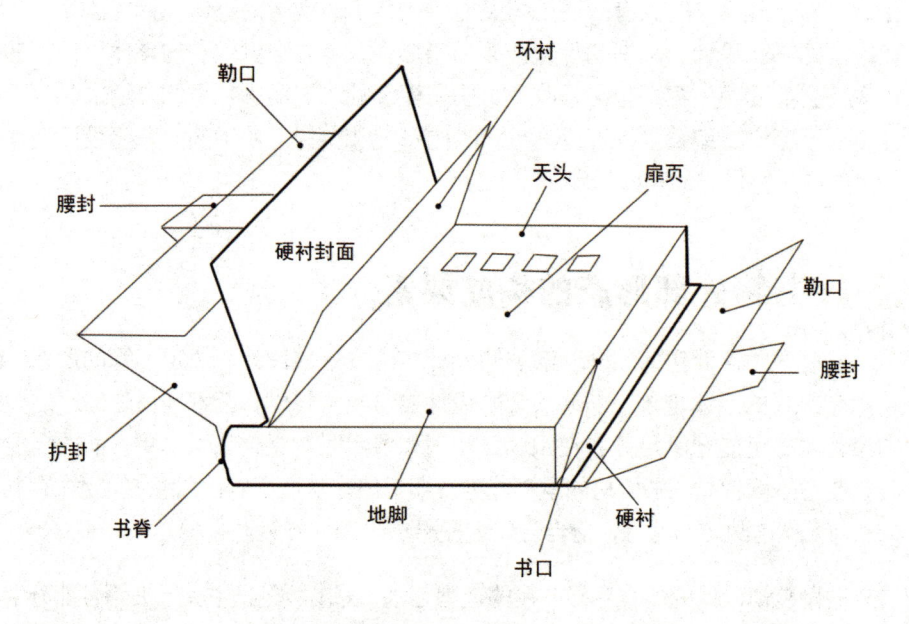

图 3-2-1 书籍的基本结构

3.2.1 护封

护封，亦称封套、包封、外包封、护书纸，是包在书籍封面外的一张外封面，有保护封面和装饰的作用，既能增强书籍的艺术感，又能使书籍免受污损。从护封这个名词本身来看，并不能完全说明它的含义，当然，护封的任务是保护封面的。在通常情况下，书籍在运输的过程中，是用纸包裹好的，以免在途中受到损害，但到了书店之后，保护书籍的则是护封。我们可以想象，读者在书店里好奇地拿起一本书，翻阅书的内部，但大多数的读者仍把它放回去，继续选择自己需要的书籍。这样一来，一本书往往要经过许多只手的翻阅以后才被卖出去，必然会受到一些损害，而护封被弄脏或破损之后还可以换上一张新的。此外，摆在橱窗里的书籍，由于光线的照射，容易褪色和卷曲变形，那么护封就能减轻这种受损的情况。但护封最重要的是另一个功能，即护封能帮助销售，它是读者的介绍人，使读者注意它、靠近它，向读者介绍这本书的精神和内容，并鼓励读者购买这本书。

读者在阅读书籍内容的同时，也必然会注意到它的外观。我们知道，每个读者都有他爱好书籍的某个类型，比如文学、政治、体育、艺术、科学以及其他类型的爱好。他们把目光首先投在最引人注意的书籍外观上，这时护封好像是许多小型广告画，争相告诉读者，它的衣着美观、有趣和值得赞赏，并且在书籍内容、艺术价值和技术制作上，都有极高的成就，而你无论如何也要购买它。当然，在读者中也有一些人，他们从书名上去寻找自己喜爱和信任的书籍，而不去注意护封，不受外观的影响。但大多数的读者，仍会受到护封的影响，注意它、喜欢它，并能成为购买这本书的原因之一。

由此可见，护封的任务首先是它的广告作用，其次才是保护作用。它是一种宣传手段，一种与书籍相适应的小型广告。有人把护封比作小型海报，但这只说明护封的一部分功能，决定护封本质的是与书籍内容的联系和外形必须适应书籍的形体。因此，护封应该有广告效果。

护封一般采用高质量的纸张，有勒口，多用于精装书。护封印有书名、作者、出版社名和装饰图画。也有的书用250克或300克卡纸作内衬，外加护封称作"软精装"（图3-2-2、图3-2-3）。

图 3-2-2 书籍护封 1

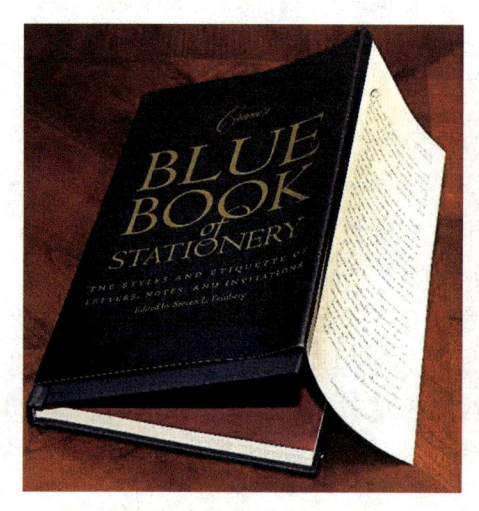

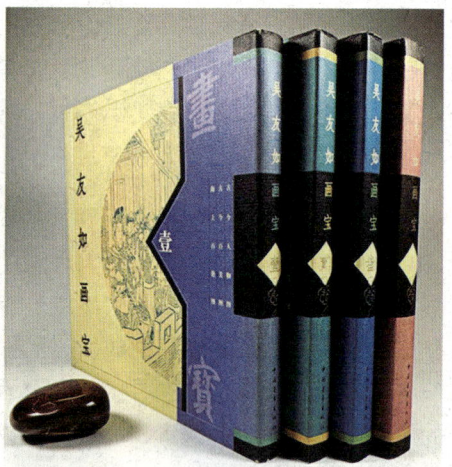

图 3-2-3 书籍护封 2

护封与一般的绘画创作也不同，它是从属于书籍的，是反映书籍的内容、性质和精神的，离开了书籍，就谈不上护封设计。因此，护封的设计应该考虑到文化性质，它不同于效果强烈的商品广告画，也不同于独立的绘画创作，而是能体现书籍内容和精神，能给人以艺术的享受和读书之乐的艺术作品。

3.2.2 封面

封面即订联成册后的书芯在其外面包粘上的外衣，封面也称书封、封皮、外封等，又分封一、封二、封三、封四（封一、封二为前封，封三、封四为后封）。一般书刊的封一印有书名、出版者和作者等，封四印有条形码等。

封面设计的最终目的不仅在于瞬间吸引读者，更在于长久地感动读者，能够折射出设计者对美学意识的感悟以及对形式美的追求与创新（图3-2-4）。它所表达的意蕴丰富与否，它的生命力长久与否，均体现在它的创意之中。因此，创意是封面设计生命之所在。

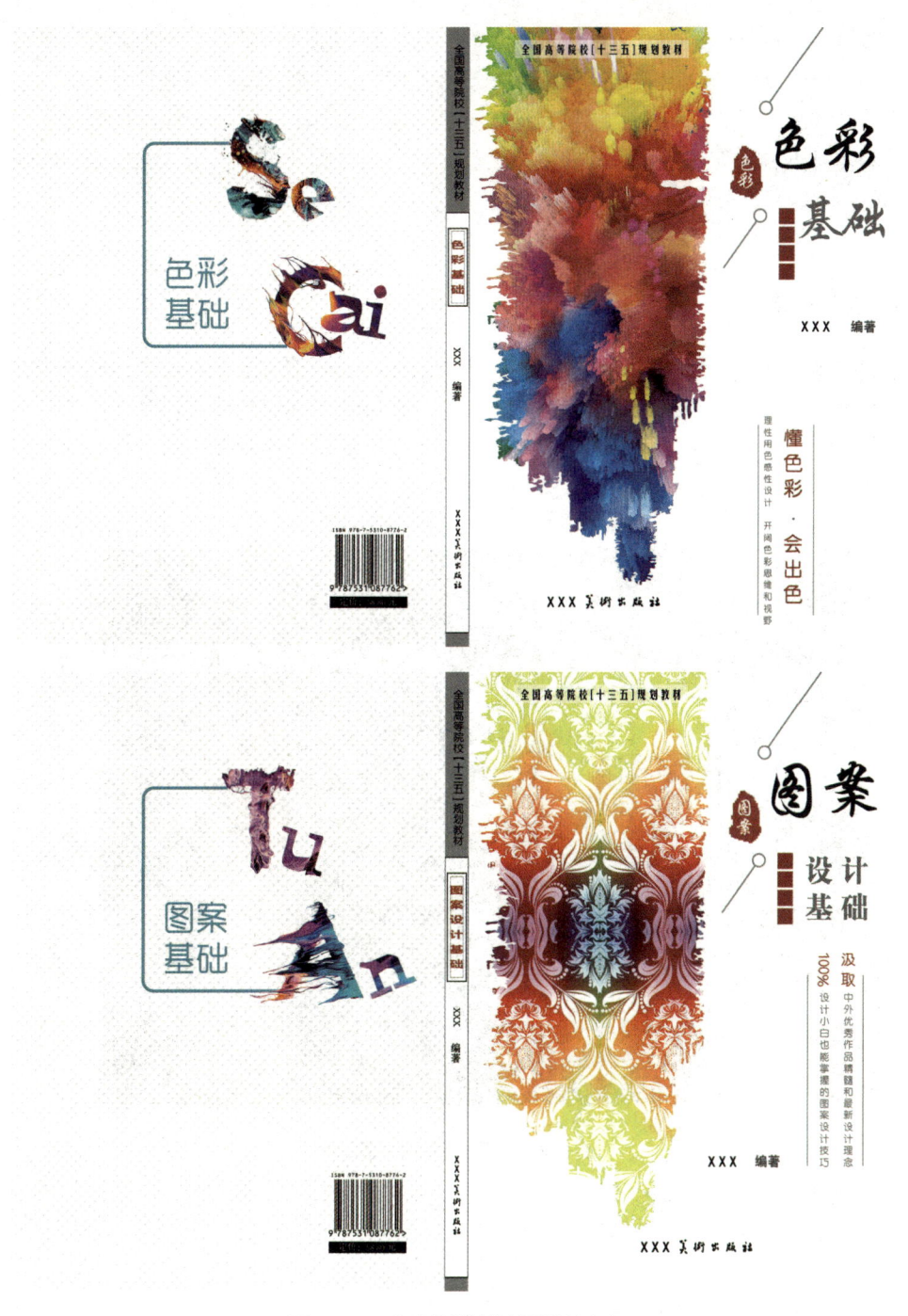

图 3-2-4　艺术类教材的封面设计方案

　　在封面的设计上，有的封面设计侧重于某一点，如以文字为主体的封面设计，此时，设计师就不能随意地将一些字体堆砌于画面上，否则仅按部就班地传达了信息，却不能给人一种艺术享受，且不说这是失败的设计，至少对读者是一种不负责任的行为。殊不知，没有读者就没有书籍，因而设计师在设计时必须精心地考究一番才行。设计师在字体的形式、大小、疏密和编排设计等方面都应比较讲究，在传播信息的同时给人一种韵律美的享受。另外，封面标题字体的设计形式必须与内容及读者对象相统一，成功的设计应具有感情，如政治类读物设计应该是严肃的；科技类读物设计应该是严谨的；少儿类读物设计应该是活泼的，等等。好的封面设计应该在内容的安排上做到繁而不乱，要有主有次、层次分明、简而不空，这意味着简单的图形中要有内容，可增加一些细节来丰富它。

3.2.3 书脊

书脊，是指连接书的封面和封底，使书籍成为立体形态的关键部位，相当于书芯厚度。书脊是封面不可分割的一部分，所以在设计封面时要将其与书脊作为一个平面来构思，当然封底和勒口也应该如此，但是在设计封底和勒口时会有意弱化其设计感，以衬托封面和书脊的主要地位（图3-2-5）。

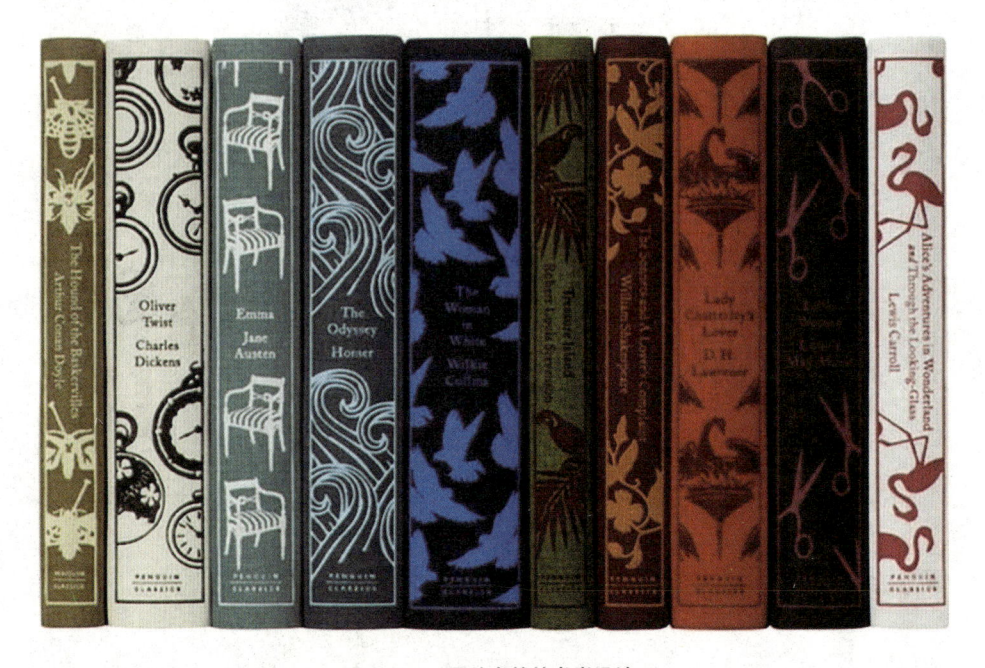

图3-2-5　国外书籍的书脊设计

一般封面中的主要设计元素，如书名、丛书名、标识、作者名、出版社名等，在书脊上都应该有，最好是除了字号大小根据需要有变化外，字体和色彩应该保持一致。在印刷后加工，为了制成书刊的内芯，按正确的顺序配页、折页，组成书帖后形成平的书脊边，经装订后，再加封面，形成书脊。骑马订的杂志没有书脊。通常有三个印张以上的书可在书脊上印有书名、册次(卷集)、著译者、出版者以便于读者在书架上查找。精装本的书脊还可采用烫金、压痕、丝网印刷等诸多工艺来处理。平装书刊的书脊是平齐的，书芯表面与书脊垂直；精装书刊的书脊则高出书芯表面。

不论是从功能的角度，还是从艺术的角度，都应该强调书脊与封面一样重要。只要理解以下几个关键问题，并逐一解决，就可以达到书脊设计的要求。

功能要求

功能要求是书脊设计的第一要素，它主要靠文字信息来体现。显然，书名又是要素中的主体。为了保证书名的主体作用，在进行字体设计时应该突破字体选用的随意性，注重字体的创新设计，比如字体的组合设计，务必要使结构合理美观、对比强烈、易于识别。文字的布局不宜平均摆放，要集中主体，呼应客体，增强信息的识别力，把握好读者阅读时视觉的舒适度。

艺术要求

书脊的形状更加狭长，在设计书脊的时候还要考虑封面的艺术设计风格，不能独立设计。具体的要求应该是设计元素布局合理，符合艺术造型的特性，根据书脊的宽度，思考适合的设计手法，构思精美有趣的设计形式。

视觉要求

书脊的视觉效果已成为图书营销中一个新的、重要的要求，其具体要求是布局独特、个性突出、色彩绚丽、视觉冲击力强，能够做到在众多繁杂的书脊中脱颖而出（图 3-2-6）。

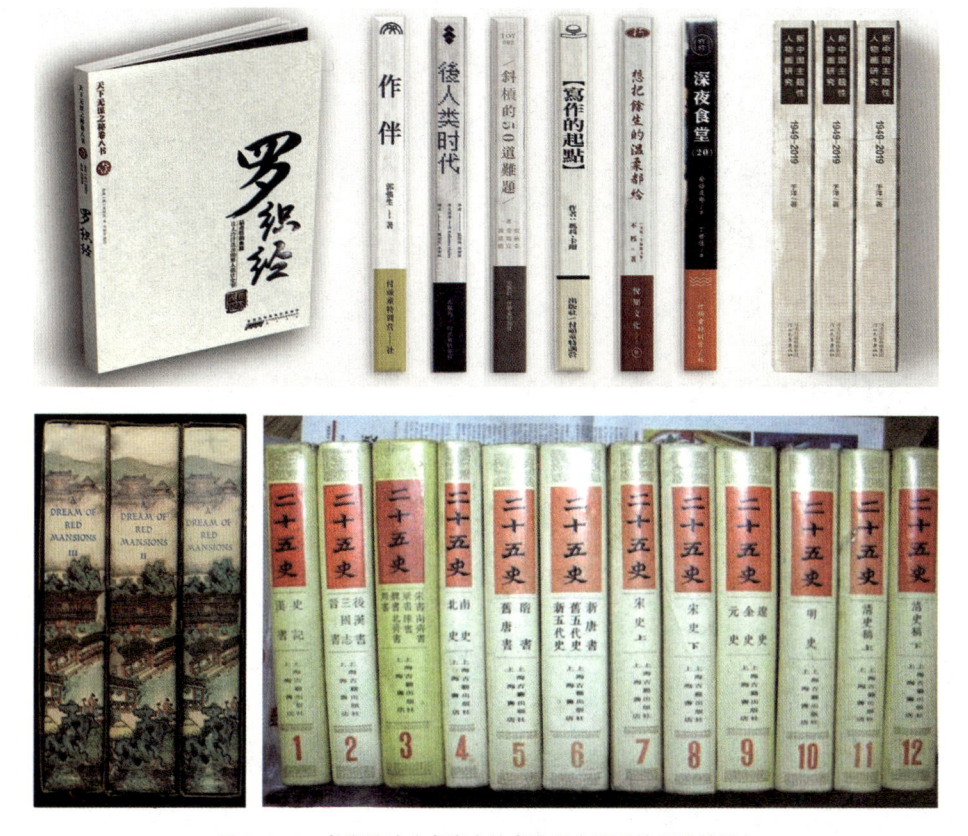

图 3-2-6　书脊设计（书脊中的书名具有强烈的视觉效果）

书脊厚度的计算方法

为什么要计算书脊的厚度？

因为我们印刷一本书时，它的封皮的书脊处通常会是单独的一种颜色，所以就需要在制作文件时先设计好厚度。以下介绍不同纸张所印书籍的书脊厚度的计算方法（书脊是指书籍的总厚度）。

书脊的厚度计算方法：

P 数 ÷ 2 × 0.001346 × 纸张克数（g）= 书脊（厚度）

"P 数"指同种纸张总页数，通常一张 A4 纸为 2P，设计公司计算 P 数是按 210mm × 285mm 计算，即大 16 开计算。

无论多大开度的书，计算书脊时 P 数就是计算同种纸共多少页，如有不同纸，再计算其他纸的厚度，最后相加得书籍总厚度。例如，一本书的开本为 1/16，尺寸为 787mm × 1092mm，内页为 80g 胶版纸，共 120 页。其中，中间有 8 张 157g 铜版纸，求它的书脊厚度是多少？

胶版纸的厚度计算如下：

112 ÷ 2 × 0.001346 × 80 = 6.03mm

铜板纸的厚度计算如下：

8 ÷ 2 × 0.001346 × 157 = 0.85mm

该书籍的书脊总厚度计算如下：

6.03 + 0.85 = 6.88mm

书脊名称和边缘名称的设计和使用

①书脊名称的设计和使用规则

a. 书脊厚度大于或等于 5 mm 的图书及其他出版物，应设计书脊。图书和其他出版物及其护封的书脊名称应与封面、书名页上的名称一致（出版者名称用图案者除外），不应有文字和措辞的变化。

b. 一般图书书脊上应设计主书名和出版者名称（或图案标志），如果版面允许，还应加上著者或译者姓名，也可加上副书名和其他内容。

c. 系列出版物的书脊名称，应包括本册的名称和出版者名称，如果版面允许，也可加上总书名和册号。

d. 多卷出版物的书脊名称，应包括多卷出版物的总名称、分卷号和出版者名称，但不列分卷名称。

e. 期刊及其合订本的书脊名称，应包括期刊名称、卷号、期号和出版年份。

书脊名称一般应采用纵排，横排也可采用（书脊名称中含有外文或汉语拼音时，按外文习惯排印）。

②书脊名称的排印应醒目、清晰、整齐，使人易读，并便于迅速查找

③边缘名称的设计和使用

若出版物太薄，厚度小于5mm或因其他原因不能印上书脊名称时，可以紧挨书脊边缘不大于15mm处，印刷边缘名称。其内容除出版者名称不列入外，其他的内容与书脊名称相同。边缘名称排在封四（边缘名称便于人们寻找上架的无书脊名称出版物，以及书脊朝上置于文件盒内或叠放的出版物）。

3.2.4 书函

书函又称书帙、书套，装帧界的人把书的装扮称为"书衣"，包装书册的盒子、壳子或书夹均统称为书函。其具有保护书册，增加艺术感的作用，一般用木板、纸板和各种颜色的织物黏合制成（图3-2-7至图3-2-9）。《后汉书·祭祀志上》："以吉日刻玉牒书函藏金匮，玺印封之。"《旧唐书·魏徵传》："徵亡后，朕遣人至宅，就其书函得表一纸，始立表草，字皆难识。"

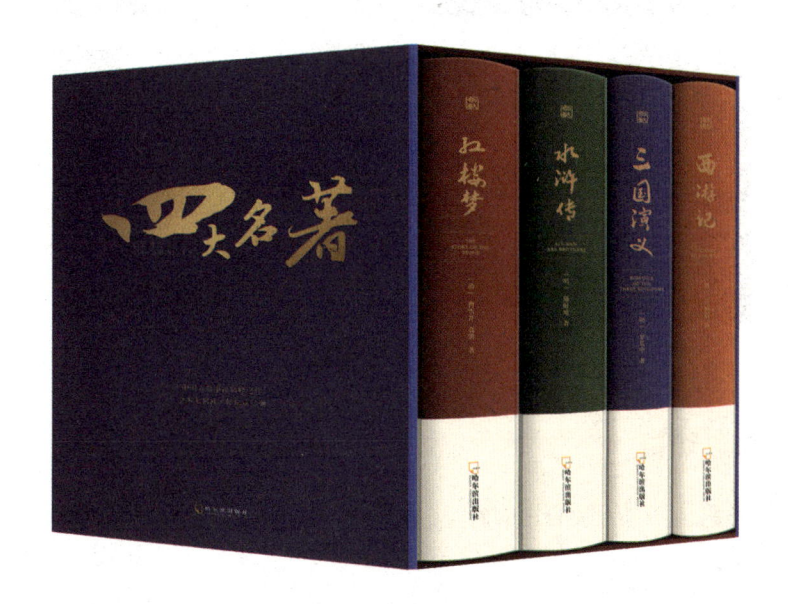

图 3-2-7 书函设计

图 3-2-8 2010 年度"中国最美的书"欣赏（部分）

图 3-2-9 木质书函设计

3.2.5 订口、切口

订口指书籍装订处到版心之间的空白部分。订口的装订可分为串线订、三限订、缝纫订、骑马订、无线黏胶装订等（图 3-2-10）。

切口是指书籍除订口外的其余三面切光的部位，分为上切口（又称"天头"）、下切口（又称"地脚"）、外切口（又称"书口"）。天头指版心上方的白边，地脚指版心下方的白边，订口为版心内侧的白边，切口指版心外侧的白边。直排版的书籍订口多在书的右侧，横排版的书籍订口则在书的左侧。

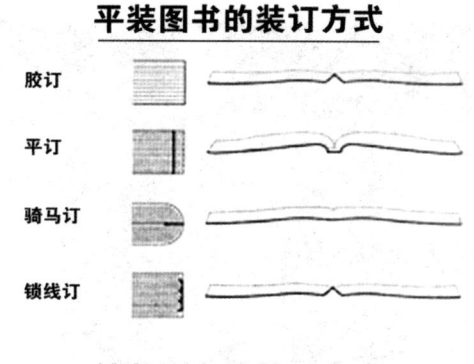

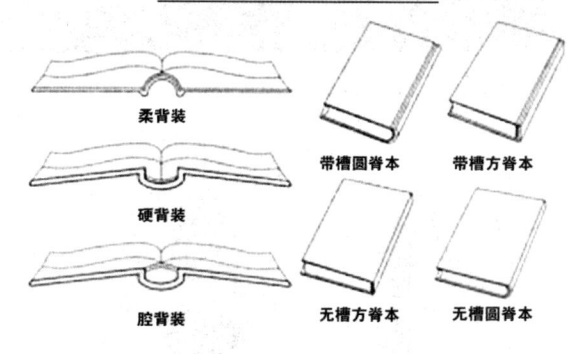

图 3-2-10　图书的装订方式

3.2.6　勒口、飘口

勒口又称折口、飘口，是指平装书的封面和封底或精装书护封的切口处多留 5～10mm 空白处并沿书口向里折叠的部分。勒口上有时印有内容提要或书籍介绍、作者简介等（图 3-2-11、图 3-2-12）。精装书或软精装书的外壳要比书芯的三面切口各长出 3mm，用来保护书芯。若是重点书籍，设计师可将勒口的宽度设计为基本与封面一样大。前、后勒口也可以作为这本书信息传达的补充，如前勒口可以放置作者照片和作者简介，后勒口可以放上责任编辑、设计师的名字，有的放置定价。

设计勒口要注意以下几点：

① 文字的编排要和封面中每组文字的编排保持强烈的逻辑感。

② 字的大小以及文字和图形、色彩的连接要有变化。

③ 按照封面的面积和纸的尺寸，算好勒口的宽度，尽量在不浪费纸材的前提下有效地传达信息。

④ 如果封面或封底上的图形和色彩需要延伸至勒口部分，要考虑图形、色彩的抽象美感，并保持图形与色彩的完整，尤其要注意抽象图形与文字叠压的结构关系。

图 3-2-11 书籍勒口 1

图 3-2-12 书籍勒口 2

3.2.7 环衬

环衬又叫环衬页，是封面后、封底前的空白页，也有选用特种纸作为环衬。环衬是一个装订的组成部分，不是完全必要的，但是对于一些装订工艺来说，环衬是不可缺少的部分。

环衬是设置在封面与书芯之间的衬纸，也叫蝴蝶页，其一面粘贴在封面背上，另一面粘牢书芯的订口。连接扉页和封面间的称"前环衬"，连接正文和封底的称"后环衬"，它们起着由封面到扉页、由正文到封底的过渡作用，是书籍的序幕与尾声。环衬是精装本和串线订中不可缺少的部分，在锁线装订和精装、字典装的时候，环衬是一个加强页。现在的装帧工艺有时候不用环衬也有办法把内页和封面连起来，但是因为环衬是不裁断并且不锁线的一张完整的纸，所以很多时候被用来当做美观功用。也有一些书籍因为在封面处理的过程中对封面纸的背面损伤较大（深凹凸、压力烫等），为了遮挡不好看的纸背，会用环衬页来作为修饰。

环衬页是精装书中不可缺少的一部分。精装书必须有前后环衬，平装书有一定厚度的书籍也应该考虑采用环衬，它能使封面翻平不起皱折，保持封面平整。这对书不仅有保护作用，还能建立一个空间的过渡，在视觉上给人以明朗舒适感，使读者获得阅读前的宁静。

翻开精装书、字典、硬皮本或者可以每页都平摊的笔记本，有 95% 的概率你会看到环衬。许多图画书的环衬仅仅是白纸或是色纸。不管是白纸还是色纸，都是大有讲究的，它们的颜色往往与讲述的故事十分吻合，是经过精心挑选的（图 3-2-13、图 3-2-14）。

图 3-2-13 环衬页 1

图 3-2-14 环衬页 2

图画书的环衬绝不是多余的，它与正文的内容息息相关。前后环衬遥相呼应，有时还会提升主题，甚至说出故事之外的另外一个结尾。例如，故事还没有开始，但好天气已经预示了一个具有好心情的故事开端。《我们要去捉狗熊》（图 3-2-15、图 3-2-16）说的是一家人又蹦又唱地去捉熊，结果熊没捉着，一家人却反而被熊追得落荒而逃……它的前后环衬是同一个场景，都是一片看得见熊洞的海滩。但前环衬风和日丽，远处有帆影，空中还有海鸟在飞翔；而到了后环衬，不但天变黑了，帆影和海鸟也都不见了，只有一头孤零零的熊失落地走在阴霾满天的海滩上。本来读者还担心门外的熊会不会破门而入，这下放心了，熊垂头丧气地回去了，后环衬为这个故事画上了一个圆满的句号。

图 3-2-15　《我们要去捉狗熊》前环衬设计

图 3-2-16　《我们要去捉狗熊》后环衬设计

　　通常环衬是一张空白页，或者是封面的延续，简约而空灵，但空白不等于没有，环衬的简约是书籍节奏韵律的需要，是空间、时间秩序美感的经营，是整个书籍不可或缺的一部分。环衬可以是一张空白的纸，或者寥寥数笔，但其简约质朴，留给读者的是短暂停留的空间。环衬的美是内在的，以含蓄取胜；环衬又是极其安静的，以无言的空白，给人以虚静的感受，同时也把这种虚静的美妙心理暗示引入无限的情思，为人们创造了清新优雅的阅读氛围（图 3-2-17、图 3-2-18）。

图 3-2-17　诗集环衬 1　　　　　　　　　图 3-2-18　诗集环衬 2

3.3　书籍内部形态设计

　　书籍设计是一种综合性的整体设计，包括色彩、图形、文字、版式等平面设计以及材质与空间形态的立体设计。在书籍装帧设计中，只有内部形态和外部形态的统一才能产生一件美丽的作品。

　　一本书的形态创造，是通过设计让读者以阅读的方式与静态书籍产生互动和交流，从阅读的开始到结束得到一种整体的感受和启迪（图 3-3-1）。

图 3-3-1　书籍内文设计

书籍的内部形态不仅是书的"脸面",也是书的内涵的体现(图 3-3-2)。

图 3-3-2 书籍形态的阅读功能、认知功能和审美功能体现

3.3.1 扉页

扉页亦称内封、副封面,即封面或环衬页后面的一页。书籍制作时,前后两页不得粘上,在小册子中,经常用半透明或其他特殊的纸做扉页,通过其与传统书籍装订的联系,增强出版物的典雅感。扉页也指在书籍封面或衬页之后、正文之前的一页,扉页上一般印有书名、作者或译者姓名、出版社和出版的年月等。扉页也起装饰作用,增加书籍的美观。扉页上印的文字一般与封面相同,但刊印的书名、著(译)者名、出版单位的名称更为详尽,有的印成彩色或加以装饰性图形。扉页的背面多用来刊印内容提要、版权记录、图书 CIP 数据等。

扉页是现代书籍装帧设计不断发展的需要,一本内容很好的书如果缺少扉页,就犹如白玉之瑕,减弱了其收藏价值。爱书之人,对一本好书将会倍加珍惜,往往喜欢在书中写些感受或者箴言之类的警句。扉页有装饰和保护的作用,即使封面损坏了,正文内容也不易受损(图 3-3-3 至图 3-3-6)。

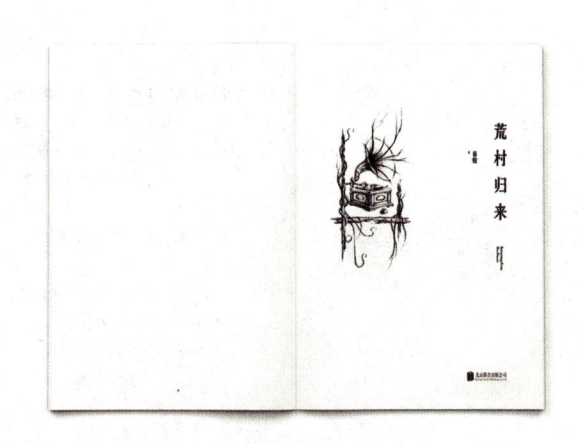

图 3-3-3 扉页设计 1

第三章 / 书籍装帧设计内容

图 3-3-4 扉页设计 2

图 3-3-5 扉页设计 3

图 3-3-6 扉页设计 4

53

扉页包括扩页、像页、卷首插页或丛书名、正扉页（书额）、版权页、赠献题词或感谢、空白页等。太多的扉页显得喧宾夺主，因此它的数量不能机械地规定，必须根据书的特点和装帧的需要而定。目前国内外的书籍，往往比较简练，多采用护页、正扉页而后直接进入目录或前言，版权页的安排则根据具体情况而定。

正扉页上印有书名、作者名、出版者名和简练的图案。由于人们的阅读习惯，正扉页的方向总是和封面一致。当我们打开封面，翻过环衬和空白页，文字就出现在右边版心的中间或右上方。除此也有利用左右两面作为正扉页的设计，称为两扉页。扉页上的字体不宜太大，主要采用美术字，并与封面的字体保持一致。扉页的设计非常简练，留出的大量空白，好似在进入正文之前有一处放松的空间。

书中扉页犹如门面里的屏风，随着人们审美意识的提高，扉页的质量也越来越好，有的采用高质量的色纸；有的还有肌理，散发出清香；有的还附有一些装饰性的图案或与书籍内容相关并且有代表性的插图设计等。这些给爱书的人无疑带来一份难以言表的喜悦，从而也提高了书籍的附加价值，吸引更多的购买者。随着人类文化的不断进步，扉页设计越来越受到人们的重视。

环衬与扉页引导读者的视线从封面过渡到正文，可以说，它是封面至正文的视觉短暂停顿，为下一步紧张的阅读提供一种缓冲的可能。因此，承上启下是环衬和扉页设计的首要功能。下面介绍环衬和扉页设计需要注意的三个原则。

视觉补充的原则
环衬、扉页的设计在满足视觉要求的同时，还要对封面进行补充，封面设计的创意可以在环衬、扉页的协调配合中得到进一步的强化，所以环衬、扉页在本质上是为协调封面而存在的。环衬与扉页的视觉效果是次于封面的，在用色、用形、比例、强烈程度、内容等方面都要加以控制，同时在创意上也要有一定限度。但这并不等于，环衬、扉页的设计可以草草行事，它们是一种陪衬，起到积极的补充与协调作用，因此，在设计环衬、扉页时，要强调创意上的分寸感，这种分寸感体现在用色的纯度与字号的选择及形的繁简处理上，应该谨慎，不能喧宾夺主。

同时，环衬和扉页设计也可以使读者回味一下自己的视觉感受，唤起对封面形象的记忆。书名在环衬、扉页中的重复出现，可以使读者在阅读时形成一个连续的思维过程，像徜徉在建筑之间的通道或长廊里，在流动中欣赏。设计师应重视设计中的每一个环节，这样才能把握整体设计。

协调与统一的原则
在设计中，从抽象的创作意图到具体的表现形式，均受潜藏在设计师内心深处的协调与统一意识的支配。具体讲，在书籍形态设计中，色彩、结构、字号、字形、材料、印刷形式等设计元素的应用，均在各个环节中有所侧重、加强或减弱。采用哪种设计手法，是随设计师心理的自然调节来进行的，环衬、扉页的设计采用的是递减的方法，即用形、用色均以简为原则，但这种"简"并不是单纯指简单。

对比的原则

对比的原则也是统一的原则，应在对比中求得和谐，表现出一件艺术作品的内在生命力。西方现代设计中的对比原则，从结构上看是横与竖的对比语言，这一点在各民族的艺术作品中均被最为广泛地利用。横与竖是基本的结构形式，它们的对比产生沉静或活跃的视觉感受。任何生命的生长均是按竖的原则，如树木、人的直立等，均是生命的象征。从竖立至横平，即是一种矛盾，平躺，意味着人的生命的消亡、树木的伐倒等。设计作品中出现一系列的横排文字，设计师要打破这种沉寂与平行，创造出活泼的视觉效果，就可以置入竖排的文字，设计作品便能"动"起来。

美与丑、雅与俗、动与静、高与低、快与慢的对比法则，出现于文学、音乐、建筑等各个领域。对比的原则植根于人们内心，并指向设计师意识深处的"统一"欲求（图 3-3-7 至图 3-3-10）。

图 3-3-7 《于右任先生墨宝》封面、扉页以及像页

图 3-3-8 《于右任先生墨宝》序言、序一

图 3-3-9 《于右任先生墨宝》图版目录、目录一、内文（行书四屏）

图 3-3-10 《于右任先生墨宝》后记、版权页

3.3.2 版权页

亦称版本记录页。它是每本书诞生的历史性记录，记载着书名、著（译）者、出版者、制版者、印刷单位、发行单位、开本、印张、版次、出版日期、插图幅数、字数、累计印数、书号、定价等内容。版权页一般安排在正扉页的反面，或者正文后面的空白页反面，文字多处于版权页下方和书口方向。版权文字书名字体略大，其余文字分类排列，有的设计运用线条分栏和装饰，起着美化画面的作用。图书版权页是一种行业习惯称呼，是指图书中载有版权说明内容的书页。在国家标准中，它实际上是图书书名页中的主书名页背面（图 3-3-11）。

图书在版编目（CIP）数据

书籍装帧／吴晖，郑红，邵波主编．－－北京：北京工艺美术出版社，2025.1
美术与艺术设计专业（十四五）规划教材
ISBN 978-7-5140-2434-0

Ⅰ．①书… Ⅱ．①吴… ②郑… ③邵… Ⅲ．①书籍装帧－高等学校－教材 Ⅳ．① TS881

中国版本图书馆 CIP 数据核字（2022）第 053438 号

出 版 人：夏中南
策划编辑：高　岩
责任编辑：宋朝晖　李　榕
装帧设计：力潮文创
责任印制：范志勇

美术与艺术设计专业（十四五）规划教材
书籍装帧
SHUJI ZHUANGZHEN

吴晖　郑红　邵波　主编

出　　版	北京出版集团
	北京工艺美术出版社
发　　行	北京美联京工图书有限公司
地　　址	北京市西城区北三环中路6号　京版大厦B座702室
邮　　编	100120
电　　话	（010）58572763（总编室）
	（010）58572878（编辑室）
	（010）64280045（发　行）
传　　真	（010）64280045/58572763
经　　销	全国新华书店
印　　刷	北京盛通印刷股份有限公司
开　　本	787毫米×1092毫米　1/16
印　　张	11
字　　数	250千字
版　　次	2025年1月第1版
印　　次	2025年1月第1次印刷
定　　价	69.00元

图 3-3-11　版权页

3.3.3 目录

　　目录页是全书内容的浓缩和集中体现，通常放在正文的前一页。目录页起到给阅读者提供书籍内容索引的作用。通过目录，读者可以迅速地大致了解书籍的基本内容。目录的主要内容为全书各章的标题和相对应的页码。

　　目录页设计以条理清晰、便于查找作为设计基本准则。目录页的设计字体大小与正文一致即可，在章节处可以略大或者利用加粗字体。目录的编排形式大概有以下几种：左对齐、右对齐、居中、左右对齐，以及用线条、色块作为分隔等。目录在设计上要统一于书籍整体设计思路，力求在统一中求变化，可以提高书籍的整体档次。但是目录页的设计长期得不到重视，字体均以宋体或黑体的横排出现，按照顺序排列，显得呆板。其实书籍设计师完全可以通过目录设计来体现全书的情感脉络，彰显书籍的不同之处，所以在书籍目录的设计上需要仔细斟酌，增加审美意识，提高视觉传达的识别性（图 3-3-12 至图 3-3-15）。

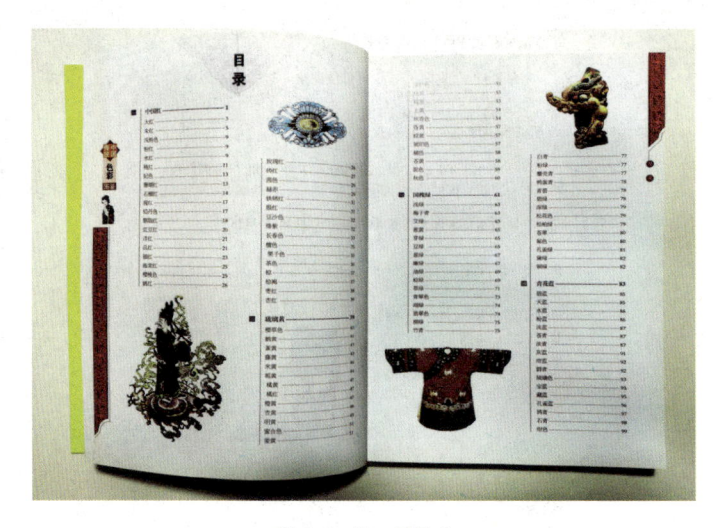

图 3-3-12　目录 1

图 3-3-13　目录 2

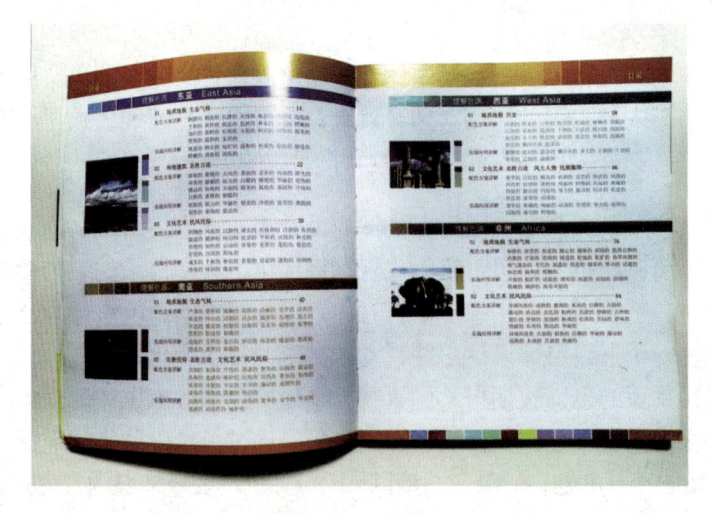

图 3-3-14　目录 3

图 3-3-15 目录 4

3.3.4 内页

版心

版式指书籍排版的格式，是版面的文字排版(直排或横排)、书眉、页码、行距、标题、字体、字号、插图等部位的规格和配合。版心亦称版口、书口。一类指图书每一版面上的文字、图形部分，容纳章节标题、文字、图表、公式以及附录、索引等全书的组成部分；另一类指线装书书页正中的折页部位，一般刻有书名、卷数、页码等。古籍中，版心也称"页心"，指古籍书页两半页之间没有正文的一行。为了折装整齐，版心多刻有鱼尾、口线等，为便于检索，也常记有书名、卷数、页码、每卷小题、刻工姓名等文字。版心通常有用作对折准绳的黑线和鱼尾形图案（图3-3-16 至图 3-3-24）。

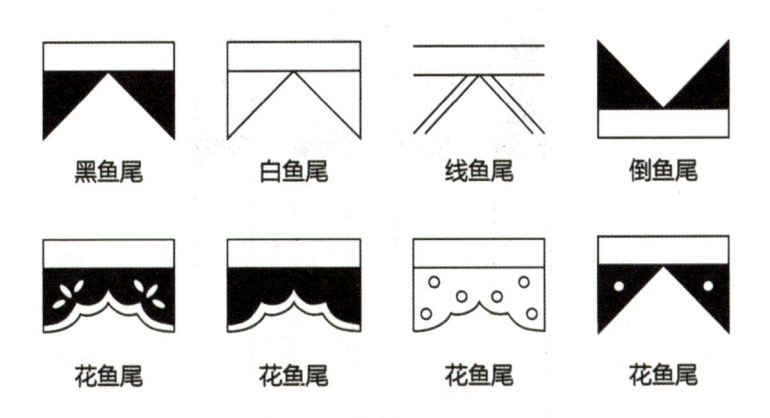

黑鱼尾　白鱼尾　线鱼尾　倒鱼尾

花鱼尾　花鱼尾　花鱼尾　花鱼尾

图 3-3-16 古籍版式中的鱼尾形式

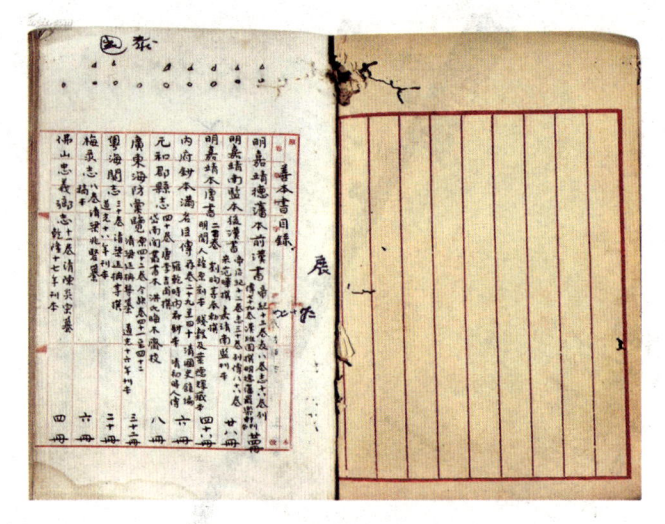

图 3-3-17 《闻斋藏书》目录

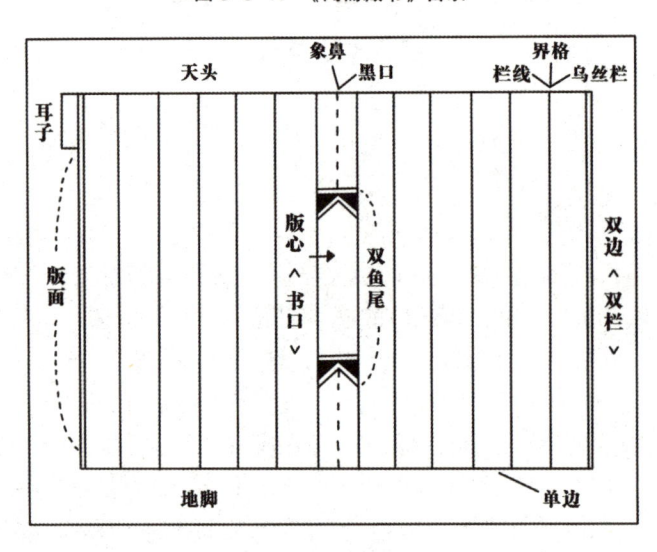

图 3-3-18 雕版版式图

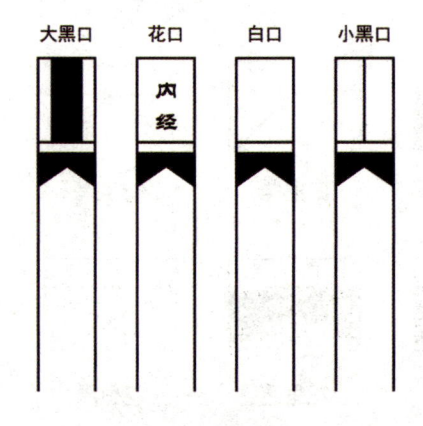

图 3-3-19 古籍象鼻

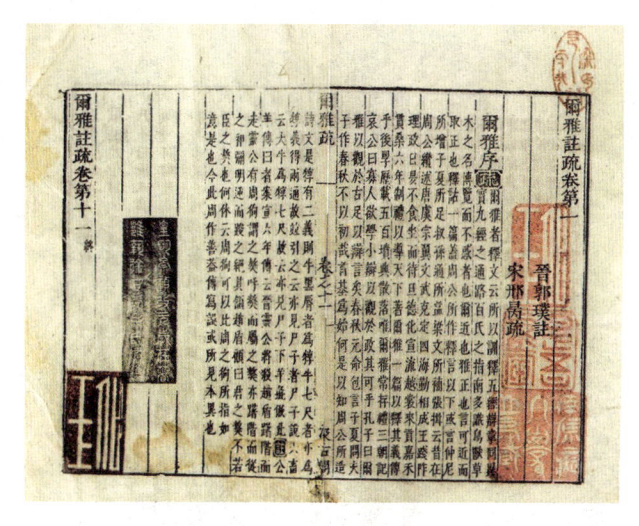

图 3-3-20 《尔雅注疏》书影

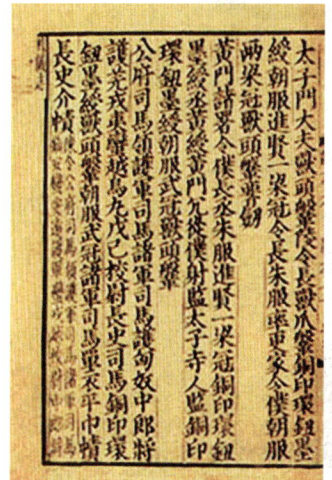

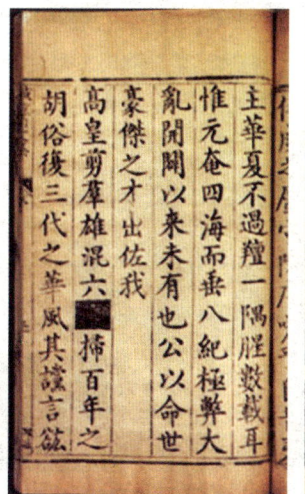

图 3-3-21 古籍版式书耳、墨钉、书牌

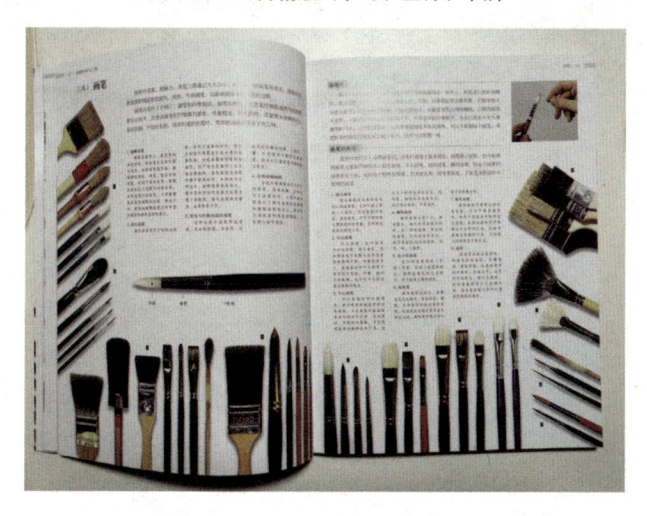

图 3-3-22 书籍图文版式设计 1

图 3-3-23 书籍图文版式设计 2

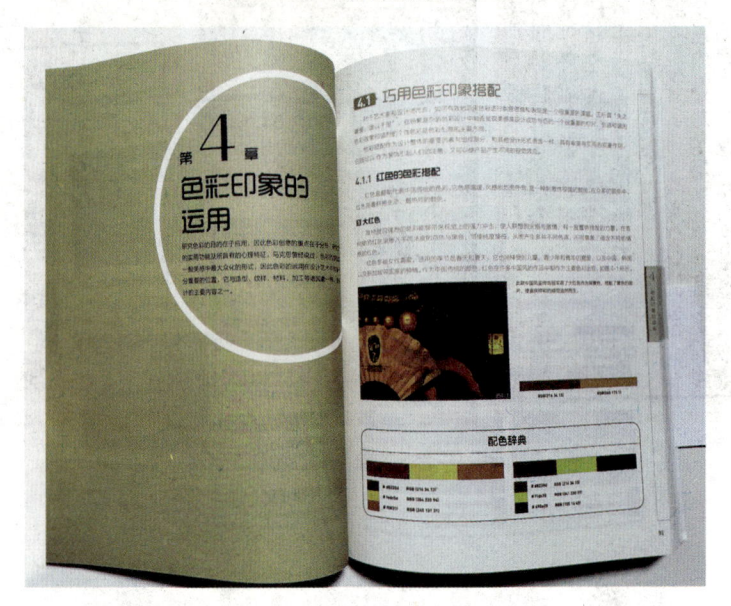

图 3-3-24 书籍图文版式设计 3

天头、地脚

  书籍的天头和地脚是版心上下的空白处，上面的叫"天头"，下面的叫"地脚"。留有天头、地脚，不仅为了使版面美观，便于印、装，也为读者在阅读的同时做些记录留有余地。天头、地脚的留大、留小，还与纸张利用率的高低、成本的大小、定价多少有关，也与出版物的风格有关。版心的比例大小和营造书籍的情感有着密切的关系，也就是说天头与地脚的大小比例、内口与外口不同的大小比例能够营造出不同的情感（图 3-3-25）。

图 3-3-25 书籍的天头和地脚

中国传统古籍的天头空白一般大于地脚，而西式书通常上下相等，或地脚空白大于天头（图 3-3-26、图 3-3-27）。

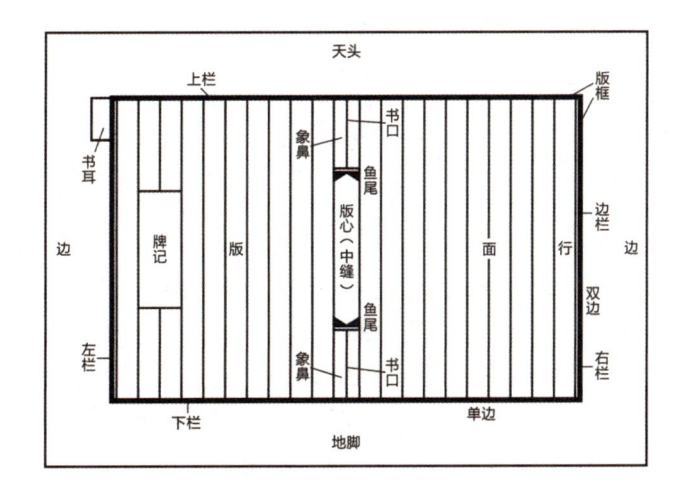

图 3-3-26 古籍书版式

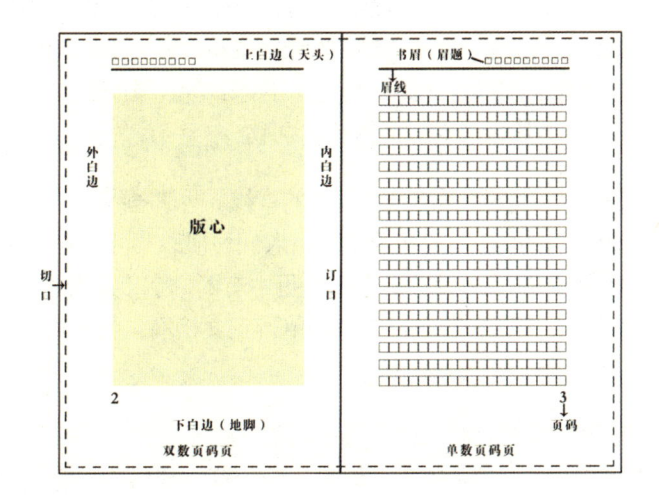

图 3-3-27 现代书版式

从图3-3-26中可以看到，这是一个非常完整和完美的版式设计，它的竖写直行保持了从甲骨文开始的书写方法，天头、地脚的名称第一次出现，概括了"天""地"的传统观念，并且更加明确。天头、地脚中的文字根据内容不同由人去书写、雕刻，这恰恰符合了"天人合一"的思想。版面中文字仍是由右向左，实行右上左下的传统习惯。帛书中出现的"乌丝栏"演变成界格，上下有界，左右有格。界格的出现，从表面上来看是简策书、帛书版式的自然演变，实则是"天人合一"思想的发展和深入。

版框即边栏，又称"栏线"。单栏的居多，即四边单线，它不只是实用和美学的需要，更包含哲学的内涵；也有外粗内细双线的，称"文武边栏"；还有上下单线、左右双线的，称"左右双边"。上方叫"上栏"，下方叫"下栏"，两旁叫"左右栏"；单线的叫"单边"或"单栏"；双线的叫"双边"或"双栏"。四周只印一道粗黑的边线，称为"四周单边"，四周粗黑线，内侧再刻细黑线，称"四周双边"；如果仅左右印粗黑线，内侧有细黑线，称为"左右双边"。边栏不仅有规范、整齐版面的作用，而且保留了简策、帛书的遗风。

图中版面左面有耳子，有的书在版面右边有耳子，称"书耳"。在左面称"左耳题"，在右面称"右耳题"，还有的书两面都有耳子。耳子很像人的耳朵，耳朵是用来听声音的，耳子则是为查检方便而设。有了书耳，不仅方便查检，版面也更加好看；耳朵获取信息，耳子保存信息，查耳子也可获取信息。

把版心分作三栏，以像鱼尾的图形为分界，上下鱼尾称"双鱼尾"，它的空白部分其实很像人的嘴，称为"版口"。嘴是用来吃饭和说话的，版口多记录书名，其意义也在吞吐书的内容。版心中上下鱼尾到版框之间的部分称"象鼻"，称其为"鼻"是因为它在版面的中间，且有宽度，又因为它长，所以称为"象鼻"。鼻是用来呼吸的，没有鼻，人无法维持生命；象鼻为折叠书面页标记，没有标记何以折页，不折页或乱折页则不能成书。

书的眼就是"孔"，是用以穿线或插钉的。一般来说，人的眼睛越大越好看，书眼则是孔越小越好，大则伤书脑。人眼是为看东西的，书眼则为固定书的。书脑是各页钻孔线的空白处，即书合闭时的右边。书是看的，书页是翻的，唯书脑藏于订线的孔和书脊之间，在内部不可动，故称其书脑。

界行也称"界格"，指在版面内分割行字的直线。两道隔线间的条格叫"界格"，是竹木简书籍的流风余韵。在鉴定和著录时，人们习惯以半叶计算，叫做"半叶×行×字"，有的径称"×行×字"；若每一行中有两排字（通常为大字的注解），叫作"小字双行每行×字"；若双行字数与单行正文相同，就不再注出，这种著录和说明方式，称为"行格"，又称"行款"。

书口又称"版口"，或简称"口"，指书籍装订成册后开合一侧的端面，有白口、黑口等款式。就书版而言，它是版心，但对于以包背装或线装的方式装订起来的书籍而言，这一部分为可以翻阅的开口，故称"书口"。

古人在"天人合一"思想的同构下，在"天人感应"的影响下，用《易经》的思维方式，"近取诸身，远取诸物"，以人为核心创造出印版书的版面。这个版面包含着受"天人合一"的传统思想，包含着受"天人合一"观念影响的美学观，以及此种美学观所形成的"中和"创作手法，这是一种文化行为，也是传统文化在印刷界持续发展的必然结果。

页眉

页眉是印在书籍版心以外的空白处的书名、篇名或章节名，也指横排页码印在天头靠近版心的装饰部分，是正文整体设计的一部分。页眉是故事开始时的序，是音乐响起时的最短弦。一般来说单码排章名，双码排书名。而对于有些书来说，章节层次较多不便于排书名，就直接排上章名或者节名。

页眉利用版心外的空间，用小字在天头、地脚或书口处设计，给读者在翻页时带来方便，同时好的设计可以给画面带来美观。页眉的设计也很丰富，特别在综合性的杂志、书籍和词典等工具书中应用广泛。有的正面写书名，反面写章节名，有的运用几何形的点、线、面配合文字设计，但需要与版面设计协调。文艺书为了版面活泼常运用书眉（图3-3-28）。

图 3-3-28　页眉设计

但我们不能忽视它的另一个重要功能，即美化版面、平衡视线，给读者以轻松、愉快的感觉。书眉由文字、符号、线段等组成。当然书眉的有无，文字、线段、符号的变化，空间位置的安排都应根据不同书籍而有所不同。多数的图书应考虑书眉设计，这主要源于它的方便查阅、美化版面的功能。书眉设计属包装艺术，适当的书眉是神来之笔，可给该书增光添彩，使读者爱不释手。因此，应注意书眉设计的整体性、审美性、多样性和实用性，只要将这四者很好地结合，加之图书内容的可读性和实用性,就能设计出受读者欢迎的好书(图3-3-29)。

图3-3-29 线装版《红楼梦》书眉设计

页码

页码为书籍表示页数的数字,是书页顺序的标记,便于读者检索。一般位于书籍的下角或者上角,也有位于天头或者地脚并居中的。页码的计算一般习惯从正文标起,当你打开一本书的时候,左边页码为偶数,右边为奇数;而分册装订的书,可以单本计算页码,也可以连续计算页码;前言、扉页、目录等部分的页码一般另外计算。页码可以使书籍内容有延续性,方便读者进行翻阅。

插页、插图

插图也称"插画",是书籍艺术的重要组成部分,它是插在文字中间用以说明文字内容的图画。插图作为现代设计的一种重要视觉传达形式,其直观的形象性和展示的生活感以及美的感染力,在设计中拥有重要的地位。随着经济文化的迅速发展,作为书籍装帧组成部分的插图,其形式、结构、基本格式、表现手段等,越来越丰富多彩。在现代的各种出版物中,插图设计已不只是起"照亮文字"的陪衬作用,它不仅能突出书籍的主题思想,还能增强书籍的艺术感染力。

插图作为书籍装帧设计的重要组成部分,是占有特定地位的视觉元素。通过欣赏插图,读者能够感受情感的传递,引起与作者的共鸣和心灵上的沟通。因此,要想充分认识和理解书稿,使插图形象化,设计师需要反复而细致地领略书籍的精神内涵。插图始终应以书籍的知识和信息的传递为设计诉求,如果偏离了诉求目标,而不能准确地传达信息,传达书籍的思想内涵,那就失去了它的诉求机能。作为一种特殊的艺术语言,插图应该以使阅读最省力为原则,来吸引读者的注意力。书籍设计中的插图,将其进行形象思维的理性夸张,可以补充甚至超越文字本身的表现力,产生增值效应。

现代书籍的插图包括封面、封底的设计及正文的插画,类型丰富,广泛运用于文学书籍、科技书籍以及少儿书籍等。随着科学技术的不断进步与发展以及和艺术的结合，多元化的艺术形式给插图创造了丰富的视觉表现手段，赋予插图以广阔的想象空间。插图可以采用各种表现手段与形式，如抽象形态、具象形态以及摄影、绘画、漫画、剪纸、卡通等形式，这些都有利于信息的快速传达（图 3-3-30、图 3-3-31）。

图 3-3-30 书籍插图 1

图 3-3-31 书籍插图 2

3.4 书籍的开本与设计

书籍的开本也是一种语言。作为最外在的形式，开本仿佛是一本书对读者传达的第一句话。好的设计带给人良好的第一印象，而且还能体现出这本书的实用价值和艺术个性，比如，小开本便于携带，大开本高雅又气派。美编们的匠心不仅体现了书的个性，而且在不知不觉中引导着读者审美观念的多元化发展，但是，万变不离其宗，"适应读者的需要"始终应是开本设计最重要的原则。

开本设计是指书籍开数幅面形态的设计。一张全开的印刷用纸裁切成幅面相等的若干张，这个张数为开本数。开本的绝对值越大，开本实际尺寸愈小，如 16 开本，即为全开纸裁切成 16 张纸的开本，以此类推。

通常把一张按国家标准分切好的平板原纸称为全开纸。在以不浪费纸张，且便于印刷和装订生产作业为前提下，把全开纸裁切成面积相等的若干小张，称之为多少开数；将它们装订成册，则称为多少开本。

对一本书的正文而言，开数与开本的含义相同，但以其封面和插页用纸的开数来说，因其面积不同，则含义不同。通常将单页出版物的大小称为开张，如报纸、挂图等分为全张、对开、四开和八开等。

由于国际和国内的纸张幅面有几个不同系列，因此虽然它们都被分切成同一开数，但其规格的大小却不一样。尽管装订成书后，它们都统称为多少开本，但书的尺寸却不同。如目前 16 开本的尺寸有：188mm×265mm、210mm×297mm 等。在实际生产中通常将幅面为 787mm×1092mm 或 31mm×43mm 的全张纸称之为正度纸；将幅面为 889mm×1194mm 或 35mm×47mm 的全张纸称之为大度纸。由于 787mm×1092mm 纸张的开本是我国自行定义的，与国际标准不一致，因此，这是一种需要逐步淘汰的非标准开本。由于国内造纸设备、纸张及已有纸型等诸多原因，新旧标准尚需有个过渡阶段。

3.4.1 常用纸张的开法与开本

原纸尺寸

常用印刷原纸一般分为卷筒纸和平板纸两种。

卷筒纸是由造纸机抄造的纸张，经复卷机切卷成的，符合国家标准或用户要求宽度和直径的纸卷筒（图 3-4-1）。卷筒纸的宽度尺寸为 1575、1562、1400、1092、1000、1230、900、880、787 等（单位：mm）。纸卷要求松紧一致、切边整齐、接头处贴平，并有显眼的标志，供轮转印刷、自动包装等各种工业使用，将整条纸卷成一个筒就叫"卷筒纸"。目前 880mm 的卷筒纸可以用来直接分切成 A4 复印纸，因为 A4 复印纸的短边长为 210mm，一次性可以分切四裁及修边。

平板纸幅面尺寸（单位：mm）：1000×1400、880×1230、1000×1400、787×1092、900×1280、880×1230、900M×1280、787M×1092。卷筒纸宽度偏差为±3mm，平板纸幅面尺寸偏差±3mm。

图 3-4-1　印刷用卷筒纸

常用纸张的开法和开本

全开纸裁切方法的示意图（图 3-4-2）。

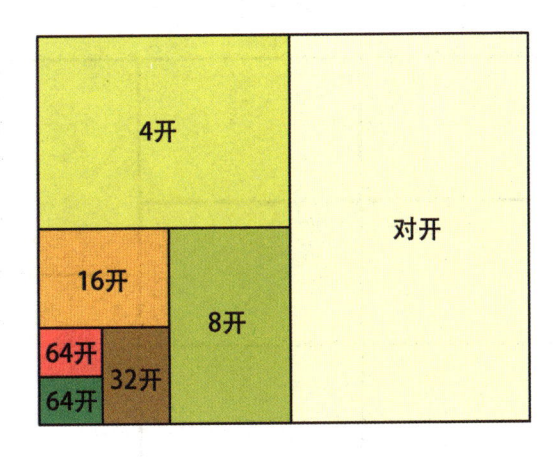

图 3-4-2　全张纸裁切方法的示意图

通常用户在描述纸张尺寸时，尺寸书写的顺序是先写纸张的短边，再写长边，纸张的纹路（即纸的纵向）用"M"表示，放置于尺寸之后，例如 880×1230M（单位：mm）表示长纹，880M×1230（单位：mm）表示短纹。印刷品特别是书刊在书写尺寸时，应先写水平方向，再写垂直方向。

为了书刊装订时易于折叠成册，印刷用纸如图 3-4-2 所示，多数是以 2 倍数来裁切。未经裁切的纸称为全开纸，将全开纸对折裁切后的幅面称为对开或半开；把对开纸再对折裁切后的幅面称为 4 开；把 4 开纸再对折裁切后的幅面称为 8 开，以此类推。通常纸张除了按 2 的倍数裁切外，还可按实际需要的尺寸裁切。

当纸张不按 2 的倍数裁切时，其按各小张横竖方向的开纸法又可分为正切法和叉开法。正开法是指全张纸按单一方向的开法，即一律竖开或者一律横开的方法（图 3-4-3）。叉开法是指全张纸横竖搭配的开法（图 3-4-4），叉开法通常用在正开法裁纸有困难的情况下。

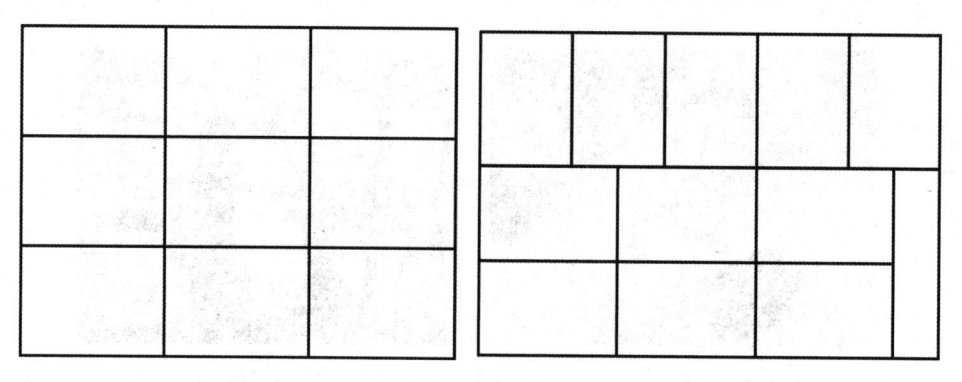

图 3-4-3　正开法示意图　　　　　图 3-4-4　叉开法示意图

除以上介绍的正开法和叉开法，还有一种混合开纸法，又称套开法和不规则开纸法，即将全张纸裁切成两种以上幅面尺寸的小纸，其优点是能充分利用纸张的幅面（图 3-4-5、表 3-4-1），尽可能使用纸张。混合开法非常灵活，能根据用户的需要任意搭配，没有固定的格式。

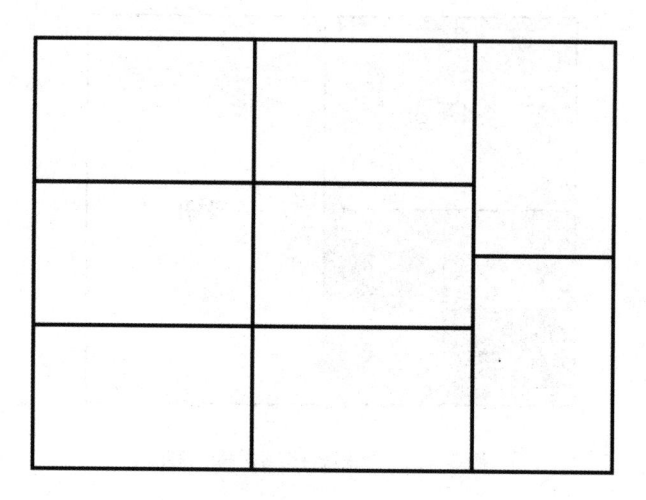

图 3-4-5　混合开纸法示意图

分类	全开纸	对开成品	4 开成品	8 开成品	16 开成品	32 开成品	64 开成品
大度	889×1194	580×860	420×580	285×420	210×285	140×210	105×148
正度	787×1092	520×760	370×520	260×370	185×260	130×185	92×126

表 3-4-1　大度纸与正度纸尺寸表（单位：mm）

常用的纸张

纸张根据用处的不同,可以分为工业用纸、包装用纸、生活用纸、文化用纸等,其中文化用纸包括书写用纸、艺术绘画用纸、印刷用纸。在印刷用纸中,又根据纸张的性能和特点分为新闻纸、凸版印刷纸、胶版印刷涂料纸、字典纸、地图及海图纸、凹版印刷纸、画报纸、周报纸、白板纸、书面纸等。另外一些高档印刷品也广泛采用艺术绘图类用纸。

① 新闻纸

新闻纸也叫白报纸,是报刊及书籍的主要用纸,适用于报纸、期刊、课本、连环画等正文用纸(图3-4-6)。新闻纸的特点:纸质松轻,富有较好的弹性;吸墨性能好,这就保证了油墨能较好地固着在纸面上;纸张经过压光后两面平滑,不起毛,从而使两面印迹比较清晰而饱满;有一定的机械强度;不透明性能好;适合高速轮转机印刷。这种纸是以机械木浆(或其他化学浆)为原料生产的,含有大量的木质素和其他杂质,不宜长期存放(保存时间过长,纸张会发黄变脆,抗水性能差,不宜书写等)。其必须使用印报油墨或书籍油墨,油墨黏度不要过高,平版印刷时必须严格控制版面水分。重量:(49~52)±2g/m2,平板纸规格(单位:mm):787×1092、850×1168、880×1230,卷筒纸规格:宽度为787、1092、1575(单位:mm),长度约6000~8000(单位:m)。

图 3-4-6 新闻纸

② 凸版印刷纸

凸版纸是采用凸版印刷书籍、杂志时的主要用纸,适用于重要著作、科技图书、学术刊物、大中专教材等正文用纸(图3-4-7)。凸版纸按纸张用料成分配比的不同,可分为1号、2号、3号和4号4个级别。纸张的号数代表纸质的好坏程度,号数越大纸质越差。凸版印刷纸主要供凸版印刷使用,这种纸的特性与新闻纸相似,但又不完全相同。由于纸浆料的配比与浆料的降解优于新闻纸,凸版纸的纤维组织比较均匀,同时纤维间的空隙又被一定量的填料与胶料所充填,并且还经过漂白处理,这就形成了这种纸张对印刷具有较好的适应性。虽然它的吸墨性不如新闻纸好,但它具有吸墨均匀的特点。抗水性能及纸张的白度也均好于新闻纸。

凸版纸具有质地均匀、不起毛、略有弹性、不透明，稍有抗水性能，有一定的机械强度等特性。重量：（49～60）±2g/m²，平板纸规格（单位：mm）：787×1092、850×1168、880×1230，还有一些特殊尺寸规格的纸张，卷筒纸规格：宽度787、1092、1575（单位：mm），长度约6000～8000（单位：m）。

图 3-4-7　凸版印刷纸

③ 胶版印刷纸

胶版纸主要供平版（胶印）印刷机或其他印刷机印制较高级彩色印刷品时使用，如彩色画报、画册、宣传画、彩印商标及一些高级书籍封面、插图等（图3-4-8）。胶版纸按纸浆料的配比分为特号、1号和2号3种，有单面和双面之分，还有超级压光与普通压光两个等级。胶版纸伸缩性小，对油墨的吸收性均匀，平滑度好，质地紧密不透明，白度好，抗水性能强。应选用结膜型胶印油墨和质量较好的铅印油墨，油墨的黏度也不宜过高，否则会出现脱粉、拉毛现象。还要防止背面粘脏，一般采用防脏剂、喷粉或夹衬纸。重量（单位：g/m²）：50、60、70、80、90、100、120、150、180，平板纸规格（单位：mm）：787×1092、850×1168、880×1230，卷筒纸规格（单位：mm）：宽度为787、850、1092。

图 3-4-8　胶版印刷纸

④ 胶版涂层纸

胶版涂层纸又称为铜版纸，是在纸面上涂一层无机涂料，再经超级压光制成的一种高档纸张。纸的表面平整光滑，色纯度较高，纸质纤维分布均匀，厚薄一致，伸缩性小，有较好的弹性和较强的抗水性能和抗张性能，对油墨的吸收性与接收状态良好（图3-4-9）。印刷时能够得到较为细致的光洁网点，可以较好地再现原稿的层次感，广泛地应用于艺术图片、画册、商业宣传单、封面、明信片、精美的产品样本以及彩色商标等。铜版纸印刷时压力不宜过大，要选用胶印树脂型油墨以及亮光油墨。要防止背面粘脏，可采用加防脏剂、喷粉等方法。铜版纸有单、双面两类。重量：70、80、100、105、115、120、128、150、157、180、200、210、240、250（单位：g/m^2），其中重量为105、115、128、157（单位：g/m^2）的进口纸规格较多，平板纸规格（单位：mm）：648×953、787×970、787×1092（目前国内尚无卷筒纸），889×1194（单位：mm）为进口铜版纸规格。

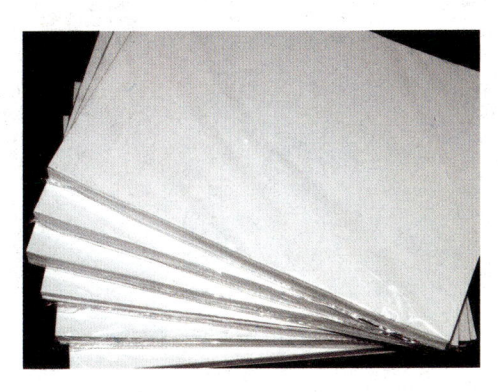

图3-4-9　胶版涂层纸

⑤凹版印刷纸

凹版印刷纸洁白坚挺，具有良好的平滑度和耐水性，主要用于印刷钞票、邮票等质量要求高且不易仿制的印刷品。

⑥白版纸

白版纸是一种纤维组织较为均匀，面层具有填料和胶料成分且表面涂有一层涂料，经多辊压光制造出来的一种纸张。纸面色质纯度较高，具有较为均匀的吸墨性，有较好的耐折度，主要用于商品包装盒、商品衬衬、画片挂图等（图3-4-10）。

白版纸按纸面分，有粉面白版与普通白版两大类；按底层分类，有灰底与白底两种。重量（单位：g/m^2）：220、240、250、280、300、350、400，平板纸规格（单位：mm）：787×787、787×1092、1092×1092。

图3-4-10　白板纸

⑦ 合成纸

合成纸是利用化学原料如烯烃类，再加入一些添加剂制作而成，具有质地柔软、抗拉力强、抗水性高、耐光耐冷热，并能抵抗化学物质的腐蚀，又无环境污染，透气性好等特性，广泛地用于高级艺术品、地图、画册、高档书刊等的印刷（图3-4-11）。

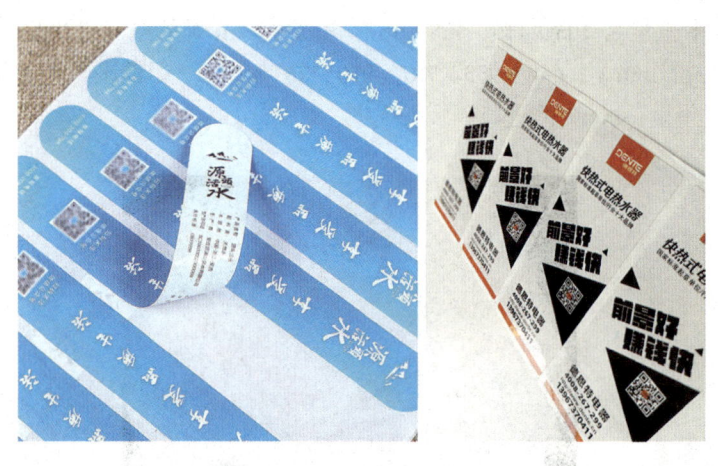

图 3-4-11　合成纸不干胶贴

⑧ 书面纸

书面纸也叫书皮纸，是印刷书籍封面用的纸张。书面纸造纸时加了颜料，有灰、蓝、米黄等颜色（图3-4-12）。重量（单位：g/m^2）：80、100、120，平板纸规格（单位：mm）：690×960、787×1092。

图 3-4-12　书面纸

⑨ 压纹纸

压纹纸是专门生产的一种封面装饰用纸，纸的表面有一种并不十分明显的花纹。颜色有灰、绿、米黄和粉红等，一般用来印刷单色封面（图3-4-13）。压纹纸性脆，装订时书脊容易断裂。印刷时纸张弯曲度较大，进纸困难，影响印刷效率。重量（单位：g/m^2）：40～120，平板纸规格（单位：mm）：787×1092。

图 3-4-13　压纹纸

⑩ 字典纸

字典纸是一种高级的薄型书刊用纸，纸薄而强韧耐折，纸面洁白细致，质地紧密平滑，稍微透明，有一定的抗水性能，主要用于印刷字典、辞书、手册、经典书籍及页码较多、便于携带的书籍。字典纸对印刷工艺中的压力和墨色有较高的要求，因此印刷时在工艺上必须特别重视。重量：25～40 g/m²，平板纸规格（单位：mm）：787×1092。

⑪ 毛边纸

毛边纸纸质薄而松软，呈淡黄色，没有抗水性能，吸墨性较好。毛边纸只宜单面印刷，主要用于古装书籍（图 3-4-14）。

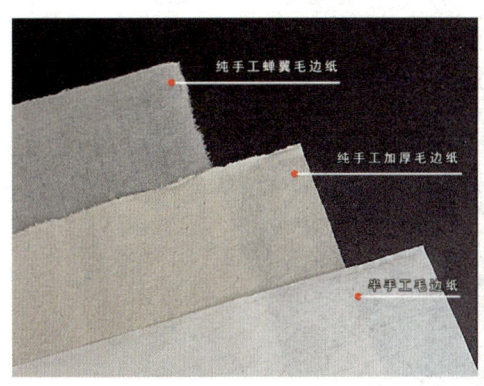

图 3-4-14　毛边纸

⑫ 书写纸

书写纸是使用墨水书写用的纸张，纸张要求写时不洇。书写纸主要用于印刷练习本、日记本、表格和账簿等（图 3-4-15），其分为特号、1 号、2 号、3 号和 4 号。重量（单位：g/m²）：45、50、60、70、80，平板纸规格（单位：mm）：427×569、596×834、635×1118、787×1092、834×1172，卷筒纸规格（单位：mm）：787×1092。

图 3-4-15　书写纸

⑬ 打字纸

打字纸是薄页型的纸张，纸质薄而富有韧性，打字时要求不穿洞，用硬笔复写时不会被笔尖划破。主要用于印刷单据、表格以及多联复写凭证等；在书籍中用作隔页用纸和印刷包装用纸。打字纸有白、黄、红、蓝、绿等色（图3-4-16）。重量：24～30 g/m²，平板纸规格（单位：mm）：559×864、560×870、686×864、787×1092。

图 3-4-16　打字纸

⑭ 邮丰纸

邮丰纸在印刷中用于印制各种复写本册和印刷包装用纸。重量：25～28 g/m²，平板纸规格（单位：mm）：787×1092。

⑮ 拷贝纸

拷贝纸薄而有韧性，适合印刷多联复写本册。在书籍装帧中用于保护美术作品并起美观作用（图 3-4-17）。重量：17～20 g/m²，平板纸规格（单位：mm）：787×1092。

图 3-4-17　拷贝纸

⑯ 牛皮纸

牛皮纸具有很高的拉力，有单光、双光、条纹、无纹等，主要用作包装纸、信封、纸袋等和印刷机滚筒包衬等。重量：30～500 g/m²，平板纸规格（单位：mm）：787×1092、787×1190、850×1168、857×1120。

其他纸张的特性

①牙粉纸特性

该纸表面亚光，纸质纤维分布均匀，厚薄性好，密度高，弹性较好且具有较强的抗水性能和抗张性能，对油墨的吸收性与接收状态略低于铜版纸，但厚度较铜版纸略高。主要用于印刷画册、卡片、明信片、精美的产品样本等。常见克重有 80、105、128、157、200、250、300、350（单位：g/m²）。

②轻涂纸特性

轻涂纸也称低定量涂布纸，是低克重铜版纸。主要用于印刷画刊、杂志、DM。克重有 64、70、80、90（单位：g/m²）。

③白卡纸特性

一种较厚实坚挺的白色卡纸。分黄芯和白芯两种。主要用于印刷名片、明信片、请柬、证书及包装装潢用的印刷品。克重有 250、300、350、400（单位：g/m²）。

④双胶纸特性

双胶纸是印刷用纸，也叫胶版纸。适用广泛，质量稳定。主要用于印刷各种说明书、信封、信签等。克重有 60、70、80、90、100、120（单位：g/m²）。

⑤艺术纸特性

艺术纸，也称花式纸、特种纸，这类纸张通常需要特殊的纸张加工设备和工艺，加工而成的成品纸张具有丰富的色彩和独特的纹路。主要用于精美的书籍封面、画册、宣传册、请柬、贺卡、高档办公用纸、名片、高档包装用纸等方面。克重有 17～200（单位：g/m^2）。

⑥不干胶特性

由于背面背胶，纸张较薄。分镜面、铜版、书写不干胶等，且黏性有差异。主要用于瓶贴、包装等。克重有 70、80、90、100、120（单位：g/m^2）。

纸张的开本尺寸

① A 度纸：印刷成品、复印纸和打印纸的尺寸（表 3-4-2）。

纸度	英寸 (inches)	毫米 (mm)
4A	661/4 × 933/5	1682 × 2378
2A	463/4 × 661/4	1189 × 1682
A0	331/8 × 463/4	841 × 1189
A1	233/8 × 331/8	597 × 841
A2	161/2 × 233/8	420 × 594
A3	113/4 × 161/2	297 × 420
A4	81/4 × 113/4	210 × 297
A5	57/8 × 81/4	148 × 210
A6	41/8 × 57/8	105 × 148
A7	27/8 × 41/8	74 × 105
A8	2 × 27/8	52 × 74
A9	11/2 × 2	37 × 52
A10	1 × 11/2	26 × 37

表 3-4-2　A 度纸尺寸表

② RA 度纸：一般印刷用纸，裁边后可得 A 度印刷成品尺寸（表 3-4-3）。

纸度	英寸 (inches)	毫米 (mm)
RA0	337/8 × 48	860 × 1220
RA1	24 × 337/8	610 × 860
RA2	167/8 × 24	430 × 610

图 3-4-3　RA 度纸尺寸表

③ SRA 度纸：用于出血印刷品的纸，其特点是幅面较宽（表 3-4-4）。

纸度	英寸（inches）	毫米 (mm)
SRA0	337/8 × 48	900 × 1280
SRA1	24 × 337/8	640 × 900
SRA2	167/8 × 24	450 × 610

表 3-4-4　SRA 度纸尺寸表

④B度纸：介于A度之间的纸，多用于较大成品尺寸的印刷品，如挂图、海报（表3-4-5）。

纸度	英寸（inches）	毫米（mm）
4B	783/4×1113/8	2000×2828
2B	555/8×783/4	1414×2000
B0	393/8×555/8	1000×1414
B1	277/8×393/8	707×1000
B2	195/8×277/8	500×707
B3	137/8×195/8	353×500
B4	97/8×137/8	250×353
B5	7×97/8	176×250

表3-4-5　B度纸尺寸表

⑤C度纸：用于封装A度文件的信封、档案盒/夹（表3-4-6）。

纸度	英寸（inches）	毫米（mm）
C0	361/8×51	917×1297
C1	251/2×361/8	648×917
C2	18×251/2	458×648
C3	123/4×18	324×458
C4	9×123/4	229×324
C5	63/8×9	162×299
C6	41/2×63/8	114×162
C7/6	31/4×63/8	81×162
C7	31/4×41/2	81×114
DL	43/8×85/8	110×220

表3-4-6　C度纸尺寸表

3.4.2 选择开本的原则

①书刊的性质和专门用途，以及图表和公式的繁简和大小等。

②文字的结构和编排体裁，以及篇幅的多少。

③使用材料的合理程度。

④使整套丛书形式统一。

经典著作、理论类书籍、学术类书籍，一般多选用32开或大32开，此开本庄重、大方，适于案头翻阅。科技类图书及大专教材因信息量较大，文字、图表较多，适合选用16开本。中、小学教材及通俗读物以32开本为宜，便于携带、存放。儿童读物多采用小开本，如24开、64开，小巧玲珑，但目前也有不少儿童读物，特别是绘画本读物选用16开，甚至是大16开，图文并茂，倒也不失为一种适用的开本。大型画集、摄影画册，有6开、8开、12开、大16开等；小型画册宜用24开、40

开等。期刊一般采用 16 开本和大 16 开本（国际通用开本）。

3.5 书籍装帧设计的印刷与制版

印刷是书籍装帧的重要手段，其工艺以平版、凸版、凹版印刷和丝网印刷工艺为主。印刷的合理运用，和质量好坏是书籍装帧设计体现效果的重要因素，了解印刷工艺流程，合理运用印刷工艺，才能更好地为书籍装帧设计服务。

3.5.1 书籍设计与印刷

印刷工艺

凸版、凹版、平版及孔版印刷是常用的四大类印刷工艺。随着现代科技的进步，已有静电印刷、热印刷（喷墨印刷）、电磁印刷、录音印刷、立体印刷等现代印刷工艺。

① 凸版印刷

凸版印刷是历史最悠久的一种印刷方法。使用凸版（图文部分凸起的印版）进行印刷，是主要印刷工艺之一。铅印和中国古代的雕版印刷均属此范围，如书籍内文、单据、票证、电化铝热印，一般有铅、铜和木版印刷。20 世纪 70 年代以前，主要使用铅合金字版、铅版印刷，不仅劳动强度大，而且环境污染严重。80 年代以后，一直沿用的铅活字排版工艺逐渐被激光照排和感光树脂版制版工艺取代，凸版印刷又得到了新的发展。

凸版印刷的印刷原理如图 3-5-1 所示，墨辊首先滚过印版表面，使油墨黏附在凸起的图文部分，然后承印物和印版上的油墨相接触，在压力的作用下，图文部分的油墨便转移到承印物表面。由于印版上的图文部分凸起，空白部分凹下，印刷时图文部分受压较重，油墨被压挤到边缘，用放大镜观察时，图文边缘有下凹的痕迹，墨色比中心部位浓重，用手抚摸印刷品的背面有轻微凸起的感觉。

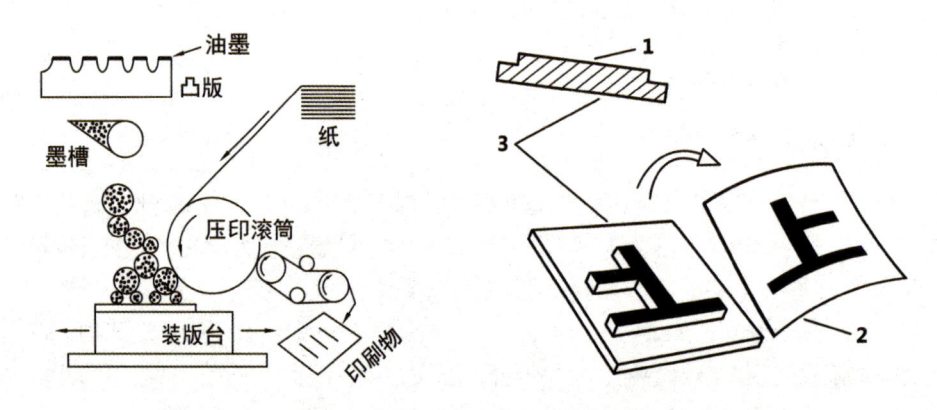

图 3-5-1　凸版印刷的印刷原理（1：油墨。2：印刷。3：印版）

② 雕版印刷

雕版印刷是最早在中国出现的印刷形式。1966 年，在韩国发现雕版陀罗尼经，刻印于公元 704 年至 751 年之间，为目前所知最早的雕版印刷品。唐咸通九年（公元 868 年）的《金刚经》（原件现存大英博物馆）（图 3-5-2）为现存最早有确切纪年的雕版印刷品。其扉画图版复杂、人物生动、线条流畅，是我国雕版印刷技术成熟的标志。

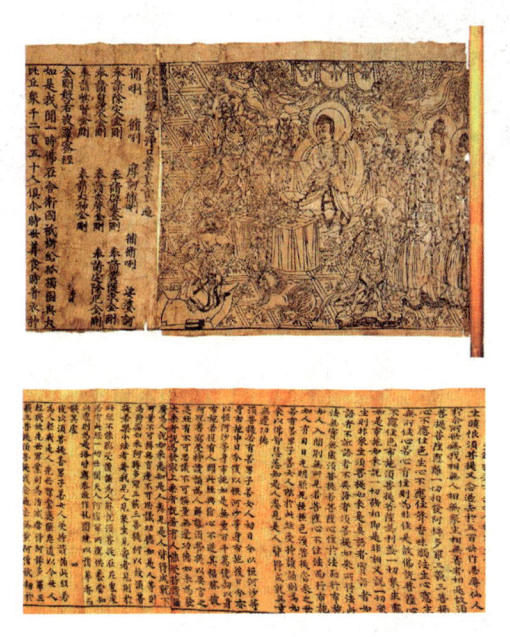

图 3-5-2　唐咸通九年（公元 868 年）刻本（1900 年敦煌藏经洞所出）

雕版印刷术是一种具有突出价值且民族特征鲜明、传统技艺高度集中的人类非物质文化遗产。它凝聚着造纸术、制墨术、雕刻术、摹拓术等几种优秀的中国传统工艺，最终形成了这种独特的中国文化工艺，是世界现代印刷术的最古老的技术源头，对人类文明发展有着突出贡献。它的出现对文化传播和文明交流提供了最便捷的条件，换句话说，在中国的四大发明中有两项，即造纸术和印刷术都与它直接相关，这在中国其他传统工艺中是罕见的（图 3-5-3、图 3-5-4）。

图 3-5-3　雕版与活字版（用活字排成的凸版）

图 3-5-4　德格印经院的雕版与印刷品

相关专家介绍，在非物质文化遗产中，剪纸、漆器、评话等一般都有南北之分，有一定的区域限制。但雕版印刷术则是唯一一个没有区域限制，遍布全国的文化形态，它的影响甚至涉及海外。作为一种民族遗产，它不仅是中国的，也是世界的。

③ 凹版印刷

印版的图文低于空白部分，印刷时，先使整个印版表面涂满油墨，然后用特制的刮墨机器，把空白部分去除，油墨存留在图文部分的"孔穴"中，再在较大的压力作用下将油墨转移到承印物表面（图 3-5-5）。

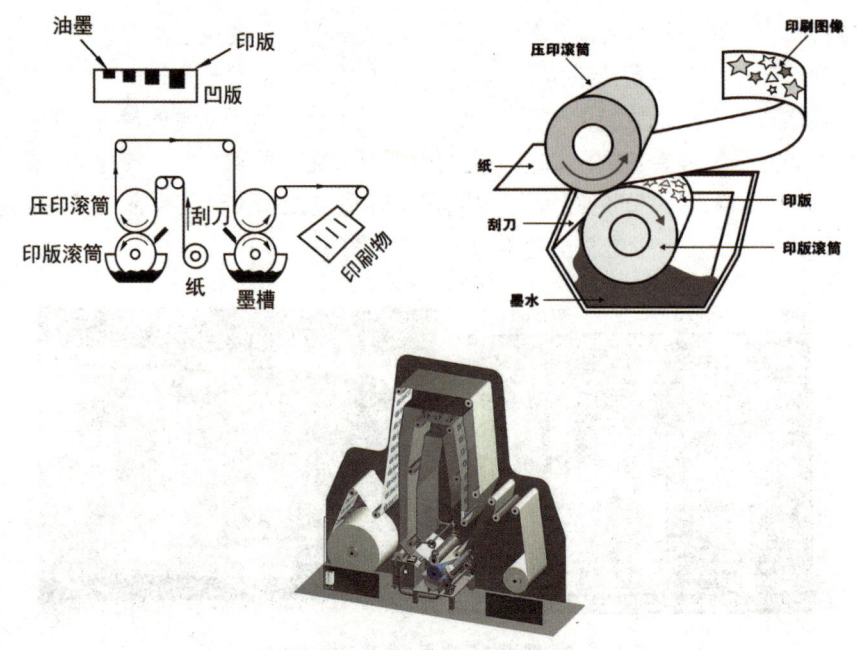

图 3-5-5　凹版印刷的印刷原理

由于印版图文部分凹陷的深浅不同，填入孔穴的油墨量有多有少，这样转移到承印物上的墨层有厚也有薄。墨层厚的地方，颜色深；墨色薄的地方，颜色浅。原稿上的浓淡层次，在印刷品上得到了再现。

用放大镜观察凹版印刷品时，若图像部分布满隐约可见的白线网格（菱形或方形），线条露白，油墨覆盖不完整，一般是用照相凹版印刷的成品。若图像是有规律排列的大小不同的点子（多为菱形），文字、线条由不连续的曲线或点子组成，一般是用电子雕刻凹版印刷的成品。

凹版印刷是使用手工或机械雕刻凹版、照相凹版、电子雕刻凹版等印版的印刷方式，为直接印刷。凸版、凹版印刷为单色印刷，两者结合成为凸凹版印刷，这种印刷具有一定的防伪性。

凹版印刷使用的印刷机，主要是圆压圆型轮转印刷机，平压平型和圆压平型的凹印机很少。凹版印刷的主要产品有价证券、钞票、精美画册、烟盒、纸制品、塑料制品、包装装潢材料等，这些产品墨色浓重，阶调、颜色再现性好。

④ 平版印刷（胶印）

平版印刷为四色或多色印刷，分为石印、胶印及珂罗版印刷。胶印采用金属薄片为版基，通过感光原理制成，图文部分与非图文部分基本处于同一平面。1904年，美国人Ⅰ·W·鲁贝尔将金属印版上图文墨迹印到包在滚筒表面的橡皮布上，然后再由橡皮布转印到纸张上去，这样不仅印迹清晰，而且印版的耐印率延长，这种间接印刷方式因其快而成为现代常用的印刷工艺。

印刷时，先由水辊向印版供给润湿液（主要成分是水），使空白的部分吸附水分，形成抗拒油墨浸润的水膜，然后由墨辊向印版供给油墨，使图文部分黏附油墨，再施加压力，图文部分的油墨经橡皮滚筒转移到承印物表面。因为印版和弹性良好的橡皮布相接触，所以提高了印版的耐印力。用放大镜观察平版印刷品，会发现图文的边缘较中心部分的墨色略显浅淡，笔道不够整齐，其原因是平版的图文部分和空白部分几乎没有高低差别，在印刷过程中，水对图文边缘的油墨略有浸润（图3-5-6）。

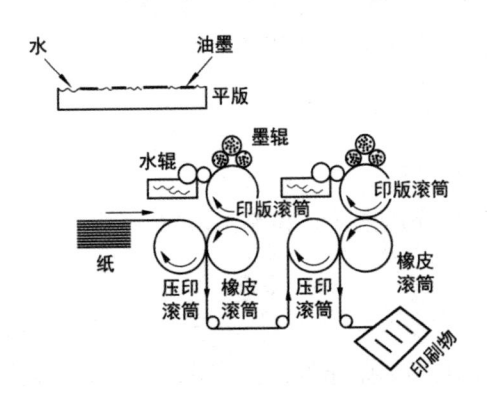

图 3-5-6 平版印刷的印刷原理

平版印刷使用的印刷机除打样机为圆压平型之外，全部是圆压圆的轮转印刷机，因此，印刷幅面大、印刷速度快。许多平版印刷机安装有自动输墨、自动套准系统，有的印刷机还配备了自动上版、卸版装置，印刷质量好，印刷效率高。平版印刷的产品有报纸、书刊正文、精美画报、商业广告、挂历、招贴画等。

⑤ 丝网印刷

丝网印刷是用丝网作基材的一种孔版印刷，把尼龙丝的丝网绷紧在框上，然后用手工或光化学法，在丝网上制成由通孔部分和胶膜填塞部分组成的图像印版。印刷时先把油墨堆积在印刷的一侧，然后用刮板或压辊，边移动边刮压或滚压，使油墨透过印版的孔洞或网眼漏印到承印物表面（图3-5-7）。

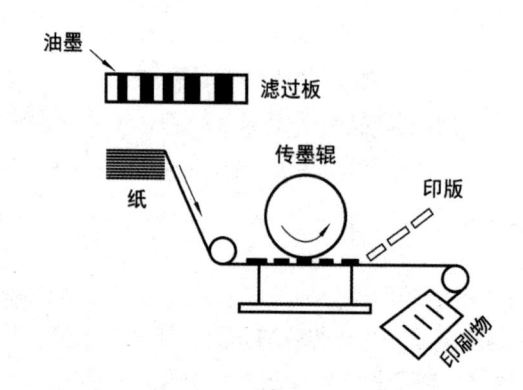

图3-5-7　丝网印刷的印刷原理

丝网印刷的成品墨层厚实，有隆起的效果，用放大镜观察时，隐约可见有规律的网纹，这是因为印刷图文被制作在经纬织的丝绢、尼龙、金属网上而造成的。丝网印刷可以用手工进行，也可以机器印刷。丝网印刷机为平面和曲面两种，能够在平面、曲面、厚、薄、粗糙、光滑的多种承印物上印刷。丝网印刷的主要产品有，商业广告、包装装潢、印刷线路板、名片以及棉、丝织品等。

印刷颜色的分类

印刷可分单色、双色、四色、多色印刷，按印刷形式可分单面印刷、双面印刷，以及自翻版印刷和翻转式印刷（大翻版印刷）。

① 单色印刷

单色印刷是指利用一版印刷，它可以是黑版印刷、色版印刷，也可以是专色印刷（如图3-5-8）。专色印刷是指专门调制出印刷中所需的一种特殊颜色作为基色，通过一版印刷完成。

单色印刷使用较为广泛，并且同样会产生丰富的色调，达到令人满意的效果。在单色印刷中，还可以用色彩纸作为底色，印刷出的效果类似二色印刷，且有一种特殊韵味。特殊的色彩包括光泽色印刷和荧光色印刷。

图 3-5-8　单色印刷

② 双色印刷

双色印刷设计，简单地讲是指对某一图像通过分色处理技术，使用两种不同颜色油墨的组合，再现原稿效果的过程。一般情况下，在 C、M、Y、K 四色印版中，由于黑色（K）印版在暗调处图像阶调信息分布较强，因此，它与其他三色 (C、M、Y) 印版任一种组合都能够增强图像色调的对比度。而在亮调处，黑版阶调信息减弱，C、M、Y 三色的色彩层次较强，这样就能够使图像的层次变化和色彩变化叠加在一起，比较容易再现图像原有的色彩层次和阶调信息。C、M、Y 三色之间的组合虽然在亮调处颜色范围较大，但在暗调处缺少图像层次，导致图像色调对比度较小，难以再现图像的原有效果，因此，双色印刷设计多数是指黑色与其他专色之间的组合。

进行双色印刷设计，关键在于对图像做双色处理要在充分保护图像原有层次和阶调信息的基础上，通过改变双色组合的关系达到需要的颜色效果，而实现这种色彩效果的最好工具是 Photoshop 图像处理软件中的双色调。双色调是通过调整两种不同色彩的曲线，实现平面设计者想要的图像效果，也就是说，双色印刷设计不是 C、M、Y、K 四色的直接缩减（减去两个通道，保留两个通道），而是基于灰度模式图像自身的结构原理，通过曲线工具调整两种颜色，在不同层次上重新分色组合。

双色印刷有两个专色（图 3-5-9、图 3-5-10），比如以前的报纸，在国庆等节日那天发行的通常都是黑色＋红色（现在的报纸都是全彩的）。

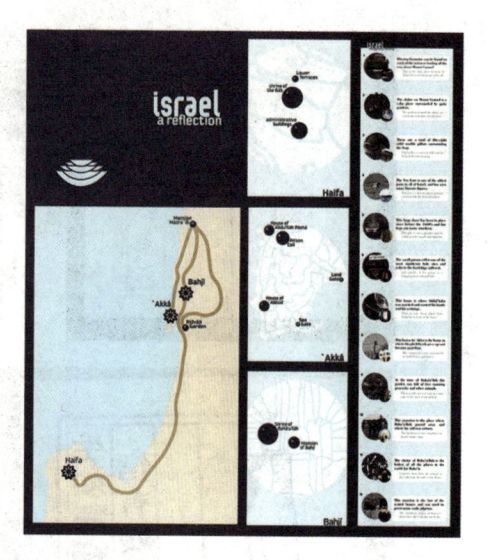

图 3-5-9　Majid Nolley 书籍设计

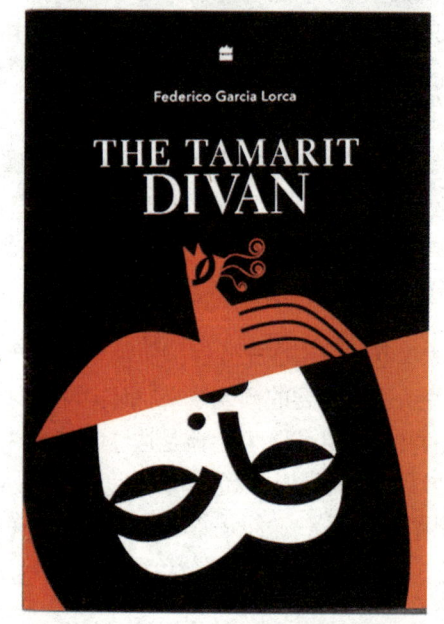

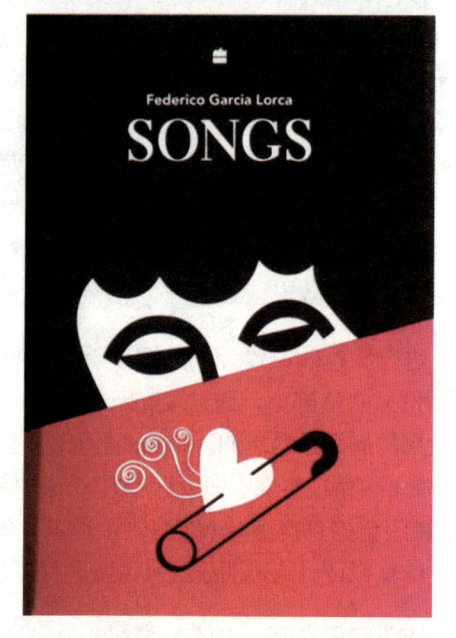

图 3-5-10　Anya Vedmid 书籍设计

③ 四色印刷

用减色法三原色（黄、品红、青）及黑色，按减色混合原理实现全彩色复制的平版印刷方法进行印刷（图3-5-11）。如果采用黄、品红、青、黑四色墨以外的其他色油墨来复制原稿颜色的印刷工艺，不应将其称为"四色印刷"，而应称作"专色印刷"或"点色印刷"。

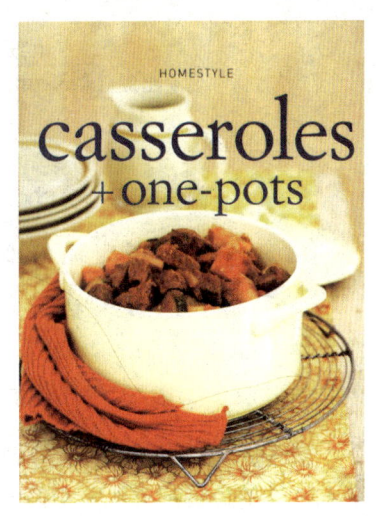

图 3-5-11　四色印刷

3.5.2　书籍设计与制版

印刷品拼版专业术语的基本知识

① 出血

印刷品印完后，为使成品外观整齐，必须将不整齐的边缘裁切掉。裁掉的边缘一般需要留有一定的宽度，这个宽度就是"出血位"。设计师在设计印刷品时，一般要在成品尺寸外留 3mm（如有特殊需要也可以多留"出血位"），以防止在成品裁切时裁少了露出纸色（白边），裁多了又会切掉版面内容（表3-5-1）。留出"出血位"，是设计师设计过程中必须要做的工作。

尺寸表	无出血	带出血
标准 8k 宣传单	420mm×285mm	426mm×291mm
标准 16k 样本	210mm×285mm	216mm×291mm
16k 三折页宣传单	206mm×283mm	212mm×289mm

表 3-5-1　出血设置

出血位统一为 3mm 有几个好处。

a. 制作出来的稿件无需设计师亲自去印刷厂告诉工作人员该如何裁切（最准确判断实际形状的，是按稿件中的裁切标记）。

b. 在印刷厂拼版印刷时，最大利用纸张的使用尺寸。再简单点概述，即制稿时只要将色彩溢出实际尺寸，且大于或等于 3mm 即可（图3-5-12）。

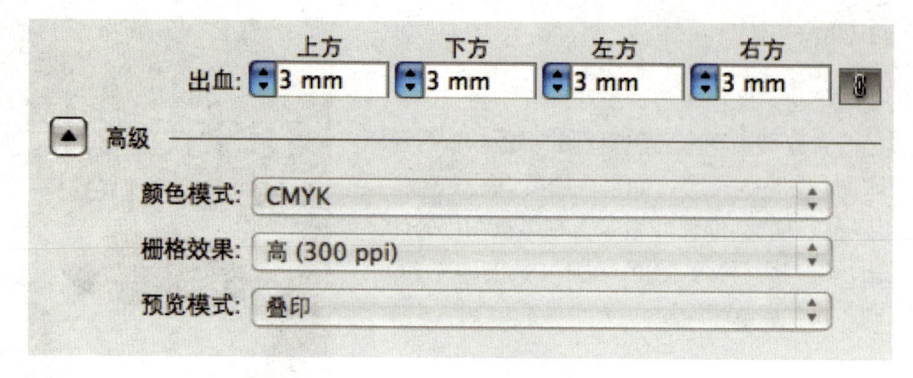

图 3-5-12 出血和辅助信息区

这里提到的色彩溢出是指做图的时候人为地超出实际尺寸的部分（在矢量图里，各个软件的设置都类似，一般的做法是将出血位放于页外。如果要量上下左右边距的话，不能把出血位也算上）（图 3-5-13）。"出血尺寸"就是算上"出血位"的图画尺寸。

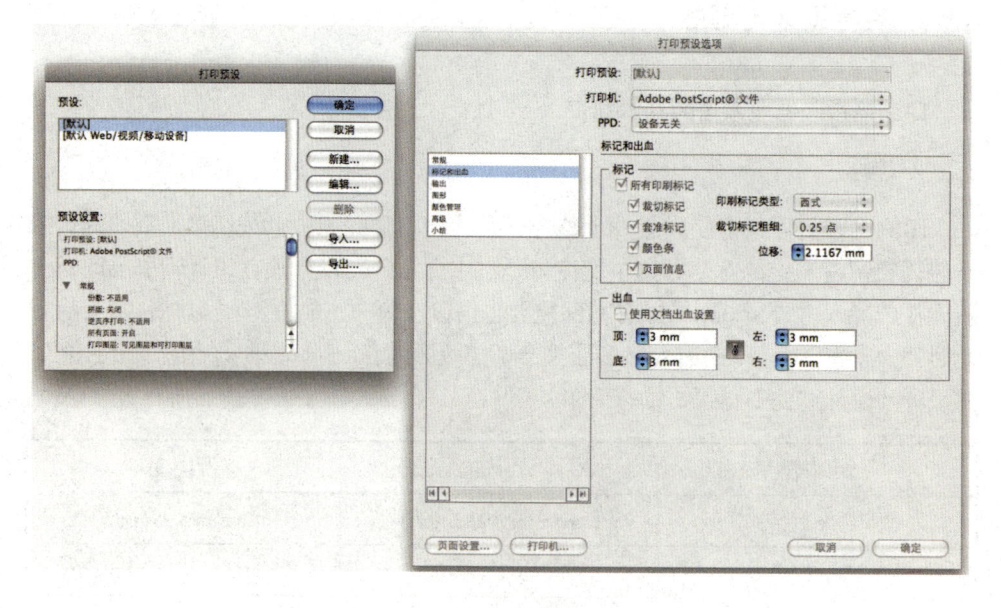

图 3-5-13 软件中出血线的设置和辅助信息区

② 叼口

印刷机印刷时，叼纸的宽度叫做叼口，叼口部分是印不上内容的，一般叼口尺寸为 10～12mm。在拼版过程中，对纸张大小与页面位置计算时，必须考虑这个尺寸。在设置页面尺寸时需加出叼口宽度。

咬口位是指纸张在传送过程中被印刷机送纸装置夹住的位置。白纸上机前，一般选裁切整齐、无毛口的一边作为叼口边。

确定印刷叼口及边规应注意以下几点：

a. 正反套印刷时，应注意保持叼口方向一致。

b. 尽量将印品白边较大的一边作为叼口边。如许多包装类印品的成品尺寸通常已将印刷用纸基本占满，没有给叼口留出余纸，这时可将白边或糊口边作为印品的叼口边。

c. 注意将有覆膜、烫金、裁切等印后工序的内容，拼在靠叼口的一边，并靠边规，以保证印后工序的加工精度。

③ 切口宽度

切口宽度指成品图文区域到成品的装订边以外的其他各边的距离。通常至少设置成与出血相同的尺寸。例如"出血位"是 3mm，则切口宽度至少为 3mm。

④ 订口

订口指印刷成品的装订边，订口宽度指图文区域到成品订边的距离（图 3-5-14）。一般无线胶订、骑马订时，订口宽度和翻口方向宽度是一样的。如果装订方式为平订或胶订，由于装订时要占有一定的宽度，订口宽度应比切口宽度宽一点，这样成品两边的空白位置才能一致。

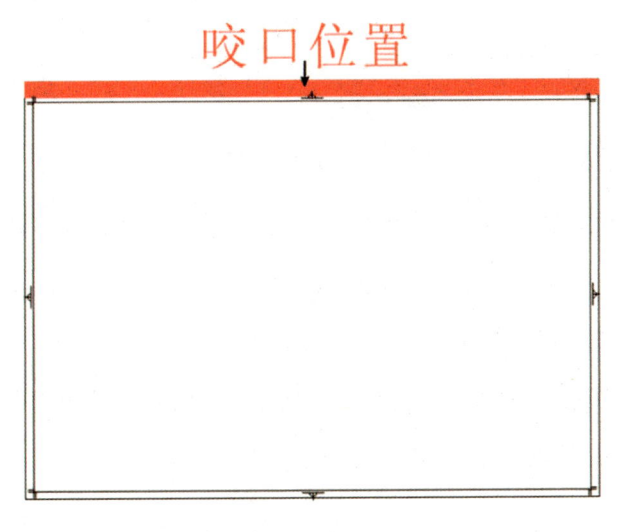

图 3-5-14　印刷纸张订口示意

⑤ 裁切线

裁切线是成品切边时的指示线，也叫角线。是平面设计师在制作有颜色的印刷品时，为以后裁切出实际的尺寸，而在平面设计制作中的出片文件上绘制的。根据具体的情况，平面设计师可以选择由照排机自动生成或手工绘制（图 3-5-15）。

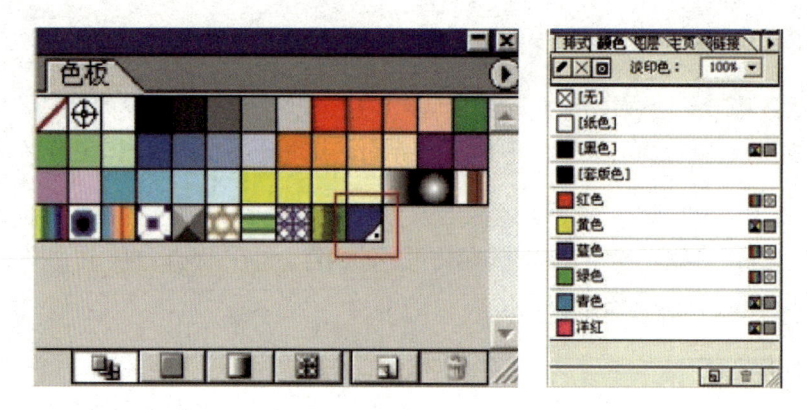

图 3-5-15　软件中裁切线的设置和辅助信息区

如果是自己制作裁切线，我们要注意什么呢？

a. 平面设计师制作角线要画在出血区域以外，以防止在裁切时显示出来。

b. 若专色片过多，则每个专色做特殊标记，标记要做在出血线外。角线一般 0.3pt（约 0.1mm），长约 3mm。

c. 有专色的图要用拼版标志线，有几色版就用几色的角线，如果有专色就要给每个专色做好角线。

d. 如果是手动画裁切线，颜色要选择四色黑（C100、M100、Y100、K100），也就是软件里面的套版色（一个圆圈套一个十字）。

e. 平面设计师要给角线选上属性面板的叠印填色。

f. 单色版的角线用该单色的角线，如有 Y 色版，就做 Y100 的角线。

i. 面积比较大的印刷品，平面设计师可以不做裁切线，交由出片公司用照排机自动生成即可，比如书封、画册等。

j. 如果是尺寸比较小的文件，比如做四色名片，那需要设计师组版，然后自己画裁切线。

⑥ 图边线

图边线指有效印刷面积的指示线。

⑦ 中线

中线是印刷品的水平、垂直等分线，中线可在正反印刷时作为正面、反面套印对位用，也可在第一色印刷时对印版定位以及后面印色的印版定位用。

⑧ 轮廓线

一般用作模切线，是包装容器的后加工方式之一。

⑨ 规矩线与信号条

规矩线是指印刷版子的角线、十字对位线（套准线）等。这些线（标记）不能在版心里面，只能在外面，是印刷、装订（折页）、切成品的依据。信号条俗称梯尺，是指每一色版子边上以 10% 递进的颜色梯度，是用来检验菲林网点、印刷网点（墨色）好坏的一种记号（图 3-5-16）。

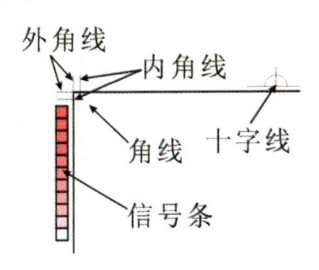

图 3-5-16　规矩线与信号条

⑩ 印张

印张，即印刷用纸的计量单位。一全张纸有两个印刷面，即正、反面。规定以一全张纸的一个印刷面为一印张，一全张纸两面印刷后就是两个印张。

一张印有很多页面的纸张叫一个印张，纸张常用 4 页、8 页、12 页、16 页、32 页、48 页等规格印刷，即一张纸上有 4P、8P、12P 等（"P" 即为英文 "Page" 的缩写）。

印张就是一本书总共用了多少这种大纸，因此，印张 × 开本 = 码数（含未编单面页号的码数）。例如，一个 32 开本的书，有 320 个页码，那它的印张数等于 320/32 = 10，所以，印张都是针对书籍来讲的。如果页数和开本不是整数倍，就会根据需要拼成 4 开或者 8 开等，相应的就会出现如 8.5 印张或者 15.25、21.125 印张等数值来。

例一：32 开印张没有零页的计算。

某本 32 开图书，1 页主书名页，1 页附书名页，前言 2 面，目录 6 页，正文 380 面，后记 1 面（背面反白），如果主书名页、附书名页与正文采用同一种纸张印刷，则其印张数为（2 + 2 + 2 + 12 + 380 + 2）/32 = 12.5。

例二：32 开印张有零页的计算。

某本 32 开图书，印数为 7000 册，单册图书的前言 2 面，目录 10 面，正文 292 面，参考文献 3 页，为了便于装订，则该书单册印张数为（2 + 10 + 292 + 6）/32 = 9.6875 ≈ 9.75。

例三：16 开印张有零页的计算。

某本 16 开图书，印数为 6000 册，单册图书的前言 1 页，目录 3 页，正文 196 页，后记 1 页，该书单册印张数为 (2 + 6 + 196 + 2)/16 = 12.875。为了便于装订，印张数定为 13；如果该书刊的印数提高到 12000 册，则印张数定为 12.875。

⑪ 印数

印数，指一种书所印的累计数。如某种书在第三次印刷时，印数为"27001—47000"，即表明前两次已印过 27000 册，这次从 27001 册算起，又印了 20000 册，累计数是 47000 册。

印前相关要素

印刷是一门科学，同时又是一项科技含量很高的系统工程，以下概述的印前相关要素都是实践经验的总结，其中不乏惨痛的教训，很值得我们借鉴。

① 输出菲林应如何确认网线

胶印是印刷的主流印刷方式。其用于晒版的菲林在输出时该加多少线数，主要应考虑两个因素：一是印刷的印刷分辨率，二是承印物的种类。就一般情况而言，国产印刷机能印刷的最高分辨率以 200 线为佳，国外印机可加网到 300 线。

② 专色、金色、银色

在设计中，为提高印刷品的档次，客户常常要用到专色、金色和银色印刷。由于专色、金色和银色不能由四色印刷来实现，所以对印刷和设计都有特殊的要求。在印刷时，专色、金色和银色是按专色来处理的，一般用专色油墨、金墨和银墨来印刷，所以其菲林也应该是专色菲林，单独出一张菲林片，并单独晒版印刷。

在电脑设计时，应定义一种颜色来表示金色和银色，并定义其颜色类型为专色就可满足设计的要求。注意事项：局部印金色和银色在制作时应将该金、银位置加扩 1 个像素，以免印刷时露白边。

③ 显示屏、电脑打样与印刷成品的颜色差别

在设计过程中，印刷品的最后色彩效果是所有客户和设计师都最为关注的，但每一件设计稿的最终印刷效果，又是连设计者本人和印刷技师都不敢绝对保证的。通常调试得再好的电脑显示器，其显示屏的显示色彩与彩色喷墨打样的颜色，以及最后印刷品的颜色都会有不同程度的差别。另外，印刷成品的色彩还与印刷技师的水平、印刷设备的好坏、所用的纸张，以及 PS 版和印刷油墨的品牌质量等都有很大的关系。因此，在印刷设计中，最为可靠的色彩确认标准就是使用印刷色。一套好的印刷色谱，是每个平面设计师应必备的工具书，当客户对电脑打样的色彩产生疑问时，可利用色谱给客户进行解释，这是唯一有效和最具权威的方法。

通常印刷成品的色彩比电脑彩色喷墨打样的色彩要柔和，层次要丰富细腻得多，但没有彩色喷墨打样那样艳丽。一般来说，只要不是找一家很差的印刷厂，客户都会乐意接受最后的印刷效果。

正式印刷

正式印刷前，再加一些过版纸，过版纸印完后使计数器归零。印刷中要经常进行抽样检查，注意水、油墨的变化，印版耐印力、橡皮布的清洁情况，以及印刷机供油、供气状况和运转是否正常等。每天印刷结束后，或每一批印件完成时，都要进行印刷后的处理操作，其内容包括墨斗、墨辊、水辊、橡皮布、压印滚筒的清洁，印版、印张的处理和印刷机的保养等。

封面及彩页特种印刷工艺

① 覆膜

覆膜工艺是印刷之后的一种表面加工工艺，又被人们称为印后过塑、印后裱胶或印后贴膜，是指用覆膜机在印品的表面覆盖一层 0.012～0.020mm 厚的透明塑料薄膜而形成一种纸塑合一的产品加工技术（图 3-5-17）。一般来说，根据所用工艺可分为即涂膜、预涂膜两种，根据薄膜材料的不同分为亮光膜、亚光膜两种。经覆膜后的纸印刷品表面更加平滑光亮，而且提高了印刷品的光泽度和耐磨度。

图 3-5-17 工作中的数码印刷覆膜机

② 压纹

压纹工艺是一种使用凹凸模具，在一定的压力作用下使印刷品产生变形，使纸张表面形成高于或低于纸张平面的三维效果。其中从纸张背面施加压力让表面膨起的工艺俗称"击凸"，而从纸张正面施加压力让表面凹下的则称为"压凹"。它是印刷品表面后道加工工艺中常见的技术，主要目的在于为了强调整体设计的某个局部，以突出其重要地位，从而对印刷品表面进行艺术加工的工艺。经压纹后的印刷品表面呈现深浅不同的图案和纹理，具有明显的浮雕立体感，增强了印刷品的艺术感染力（图 3-5-18）。

该工艺首先要根据设计的图形制作一套凹凸印版（阳模和阴模），利用凸版压印机较大的压力，在已经印刷好的局部图形或在空白处，压出具有三维空间的图形，使印品具有立体效果，整体结构上也具有丰富的层次，增添更强烈的艺术性。

图 3-5-18 压纹工艺

③ 模切

模切工艺可以把印刷品或者其他纸制品按照事先设计好的图形，制作成模切刀版进行裁切，从而使印刷品的形状不再局限于直边直角。传统模切生产用模切刀根据产品设计要求的图样组合成模切版，在压力的作用下，将印刷品或其他板状坯料轧切成所需形状或切痕的成型工艺。压痕工艺则是利用压线刀或压线模，通过压力的作用在板料上压出线痕，或利用滚线轮在板料上滚出线痕，以便板料能按预定位置进行弯折成形。通常模切压痕工艺是把模切刀和压线刀组合在同一个模板内，在模切机上同时进行模切和压痕加工的工艺，简称为模切。

④ UV 上光

UV 上光，即紫外线上光（图 3-5-19）。它是以 UV 专用的特殊涂剂精密、均匀地涂于印刷品的表面或局部区域后，经紫外线照射，在极快的速度下干燥硬化而成。

图 3-5-19 局部 UV 上光工艺名片

⑤ 烫印

烫印，俗称"烫金"，在我国已有很长的历史。它是指在精装书封壳的封一或封四及书背部分烫上色箔等材料的文字或图案，或用热压方法压印上各种凹凸的书名或花纹（图 3-5-20）。

烫印是以金、银箔为材料，借助一定的压力与温度，使印刷品与烫印箔在短时间内相互受压，将金属箔或颜料箔按烫印模版上的区域转印到印刷品表面的加工工艺。印刷品经烫印后的区域会呈现强烈的金属质感或其他质感。

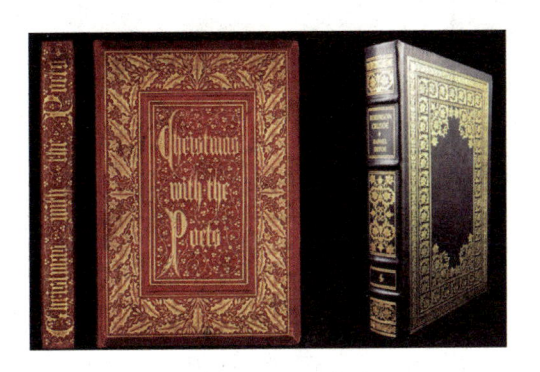

图 3-5-20　书籍封面的烫金工艺

拼版的基础知识

在印前或制版过程中，需要将设计的小幅页面拼版成适合印刷机械大小的印刷版尺寸。拼版可用计算机自动拼版，或请菲林输出公司帮忙拼版，或送印刷厂手工拼版。然而，手工拼大版存在误差，计算机拼版精确无误差。

拼版需要掌握的因素。

① 拼版的版式尺寸

a. 在拼大版的版式中，最大的尺寸就是未裁切的纸张尺寸（对开纸或四开纸），第二个尺寸就是裁切的尺寸。

b. 成品裁切尺寸要小于印刷纸张尺寸。

c. 大版拼版出血 3mm。

② 拼版

拼版是在同一个印刷版面上安排多个版面的过程，或者说，印刷页码符合折页、装订安排的过程。不同的折页方式，有着不同的拼版设计。

a. 自翻版拼版：这种印刷方式是将一张纸的正反面内容同时拼在一块印版上，即该印版的一半拼上正面的内容，另一半则拼上背面的内容。在纸张的一面印刷后，继而横向翻转纸张，以纸张同一长边的"咬口边"，在其背面印刷，经两次印刷完成后需要在中间切开，从而得到两份相同的印件。这种印刷方式的最大优势是可以节约一半以上的印版使用量，从而降低印刷成本。

自翻版又分为左右自翻版和上下自翻版两种，弄清两种自翻版，首先要清楚胶印机纸张走向（图 3-5-21）。

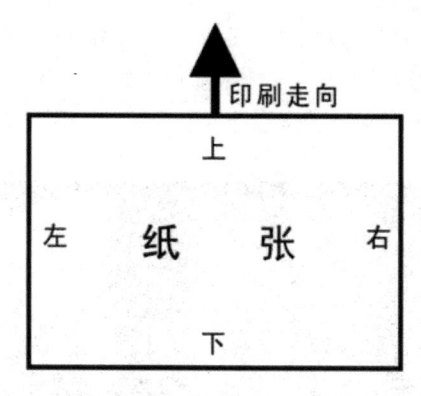

图 3-5-21 印刷走向示意图

由图 3-5-21 可见，不管胶印机的规格为多大，都会以纸的长边为进纸方向。按上图所示，左右自翻版就是顺走纸方向左右翻转纸张，上下自翻版就是顺走纸方向上下自翻纸张，例如，16K、正常 8K 印刷品在拼 4 开、对开版时，永远是左右自翻版（图 3-5-22）；而长条 8K 在拼 4 开版时是上下自翻版，拼对开是左右自翻版（图 3-5-23）。

图 3-5-22 对开版示意图

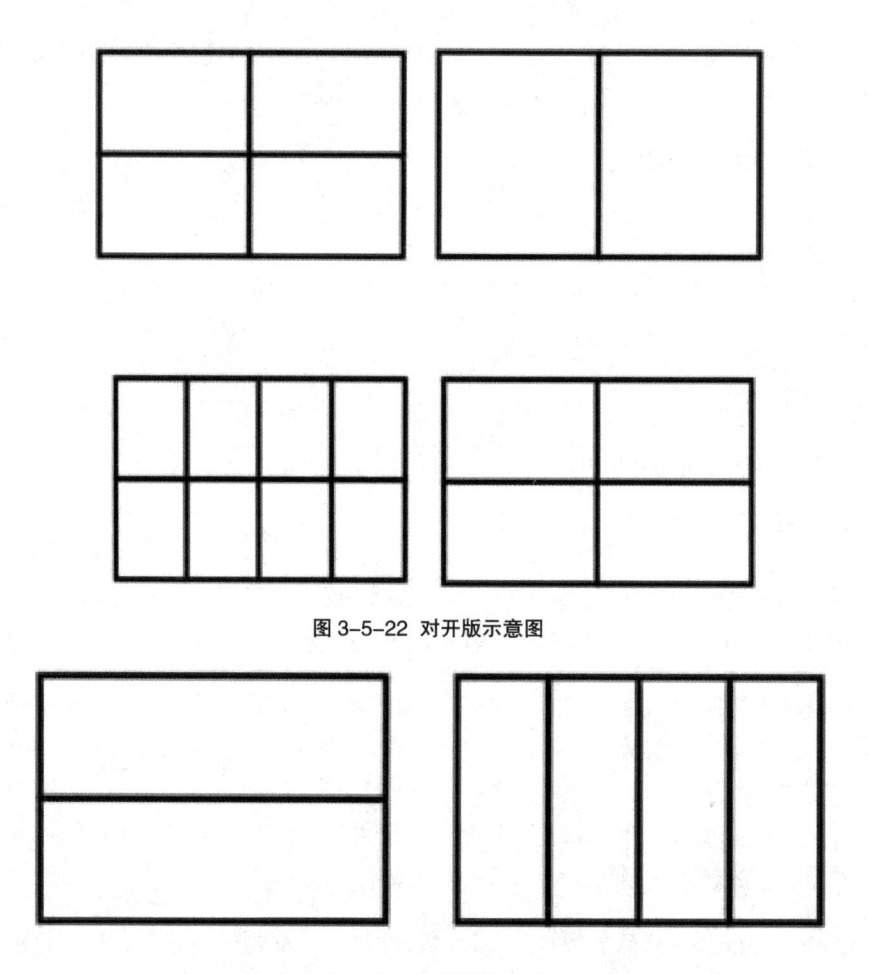

图 3-5-23 8K 纸翻版示意图

b 翻转式拼版(大翻版)：滚翻印刷是指一个印版纸张两面各印一次，印完一面后，纸张翻面旋转 180 度，再印第二面。印第二面时，纸张的叨口方向要改变，分别在纸张两个长边的位置上。如果用的是大翻身版子，在设计时就要考虑页面尺寸应该做得小一些，印后沿中间裁切，可得两份同样的印刷品，这种方法适用于印数不多，且一个印版上放有印刷品正反两面内容，以及印刷机幅面相对较大的情况。正反版是指正面和反面分别是两副版子，它的页码是正反相连的，所用的咬口是同一个咬口位置（图 3-5-24）。

下面举个大翻身的例子，以加深读者对大翻身的理解：一个大横 8 开的风琴式 5 折页，用 4 开上车印刷，大 4 开用纸是 590mm×440mm。风琴式折法每折的宽度相同，如果不是风琴式折法则要考虑纸张的厚度，每折要做得不一样宽。越在里面的宽度越小，通常可缩小 0.5mm。5 折页的每一折宽设为 115×5 折 = 575 + 6（出血）= 581（单位为 mm)，这样还留 5mm，左右一边可印规矩线，每折的高度设为 204 + 6（出血）= 210×2（大翻的反面页面）= 420（单位为 mm)，这样还留有大翻身的两个咬口各 10mm（图 3-5-25）。

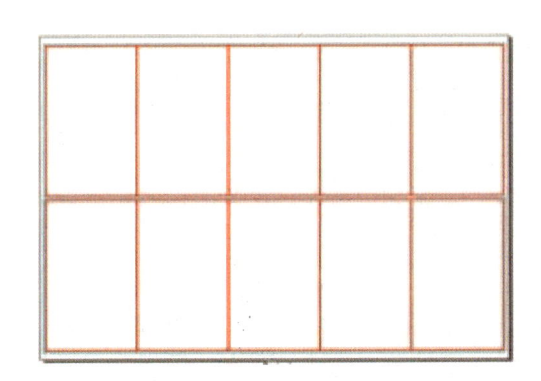

图 3-5-24 咬口位置示意图　　　　图 3-3-25 折页示意图

设计与印刷的基本知识

①书籍设计软件应用：运用 Photoshop 软件，书籍设计制作的模式应用 CMYK，像素 300dpi（一般不小于 250dpi），发片可用 PSD、TIFF、JPEG 格式。CorelDRAW 和 Illustrator 软件设计制作的文字要转曲。

②书籍设计的尺寸不能大于印刷成品用纸尺寸。

③书籍设计时页面须设计出血尺寸，比成品大 3mm，以便装订裁切。

④拼版：如果设计中有大面积的色块（如封面），与之对应同一条区域内的颜色将有所变化。

印刷拼版时要注意以下几点：

a. 颜色，影响颜色的方面贯穿于整个印刷流程，如设计、菲林网点、拼版、晒版、印刷调墨、所用油墨及过胶等，都将影响到颜色的变化。

b. 设计，设计中屏幕上的显示、彩喷样与最终印刷的颜色都有差别，其中最接近印刷成品的是屏幕上的色彩（要注意，用 Pagemaker 软件打印的样稿，颜色偏差更大）。

c. 菲林网点，网点的形状和角度对颜色也有轻微影响。

⑤ 晒版：菲林在晒版时，晒版时间的长短对颜色将产生少许影响。晒版时间越长，则网点越小，颜色越浅；晒版时间越短，颜色越深。

⑥ 印刷调墨：印刷机可以控制油墨的浓稀和用量，可以微量调节颜色。

⑦ 油墨：不同品牌的油墨颜色有轻微差别。

⑧ 覆膜：过光膜颜色发深，过亚光膜颜色变浅。

⑨ 出血：普通印刷品出血为 3mm，包装类因其用纸普遍较厚，如果纸张有多余，出血为 5mm，如用纸紧张则出血为 3mm 也可。

印刷前还应考虑印刷机能印刷的最大面积和最大的用纸面积、所用纸张尺寸，以及页面之间的间距。

3.5.3 书籍设计与装订

装订是书籍从配页到上封成型的整体作业过程，包括把印好的书页按先后顺序整理、连接、缝合、装背、上封面等加工程序。装订书本的形式可分为中式和西式两大类。中式类以线装为主要形式，其发展过程大致经历简策装、缣帛书装、卷轴装、旋风装、经折装、蝴蝶装、包背装，最后发展至线装。现代书刊除少数仿古书，绝大多数都是采用西式装订，西式装订可分为平装和精装两大类。

平装书的装订形式

平装书的结构基本沿用并保留了传统书的主要特征，被认为由传统的包背装演变而来，外观上它与包背装可以说完全一样，只是纸页发展为两面印刷的单张，装订方式采用多种形式。包背装演变成平装，一是受西方书籍装订之影响，同时它是书页的单面印刷转变到双面印刷的必然产物。平装是我国书籍出版中最普遍采用的一种装订形式，它的装订方法比较简易，运用软卡纸印制封面，成本比较低廉，适用于篇幅少、印数较大的书籍。平装书的订合形式常见的有骑马订、平订、锁线订、无线胶订、活页订等。

① 平订

平订，即将印好的书页经折页、配贴成册后，在订口一边用铁丝订牢，再包上封面的装订方法，用于一般书籍的装订（图3-5-26）。

优点：方法简单，双数和单数的书页都可以订。

缺点：书页翻开时不能摊平，阅读不方便；其次是订眼要占用5mm左右的有效版面空间，降低了版面率（平装不适合厚本书籍，时间长了铁丝容易生锈折断，影响美观并导致书页脱落）。

图3-5-26　平订书籍形式

② 骑马订

骑马订是书籍最简单的装订形式，是将印好的书页连同封面，在折页的中间用铁丝订牢的方法，适用于页数不多的杂志和小册子（图3-5-27）。

优点：简便，加工速度快，订合处不占有效版面空间，书页翻开时能摊平。

缺点：书籍牢固度较低，不能订合页数较多的书，且书页必须配对成双数。

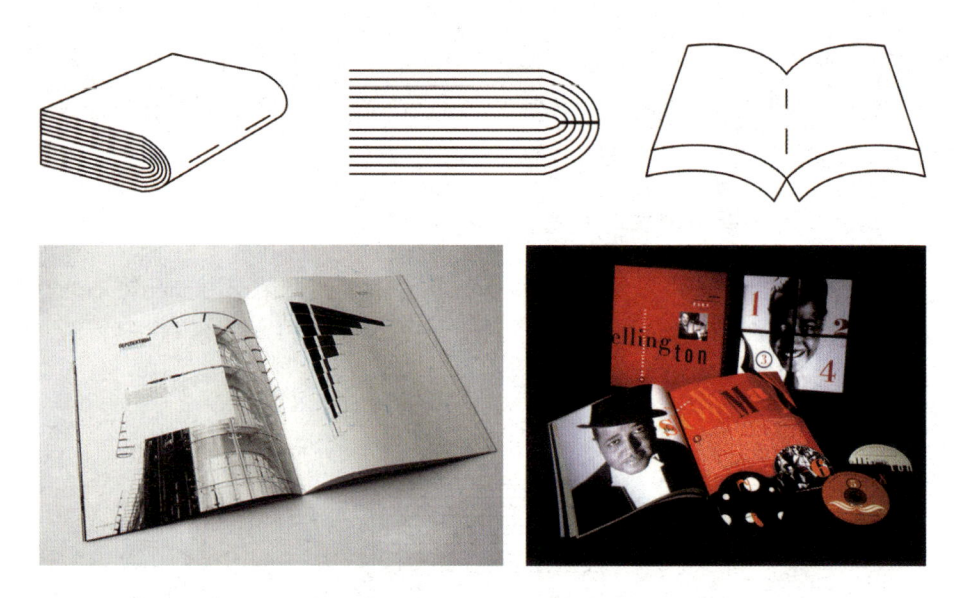

图 3-5-27　骑马订书籍形式

③ 锁线订

锁线订，即将折页、配帖成册后的书芯，按前后顺序，用线紧密地将各书帖串起来然后再包以封面（图 3-5-28）。

优点：既牢固又易摊平，适用于较厚的书籍或精装书。与平订相比，书的外形无订迹，且书页无论多少都能在翻开时摊平，是理想的装订形式。

缺点：成本偏高，且书页也须成双数才能对折订线。

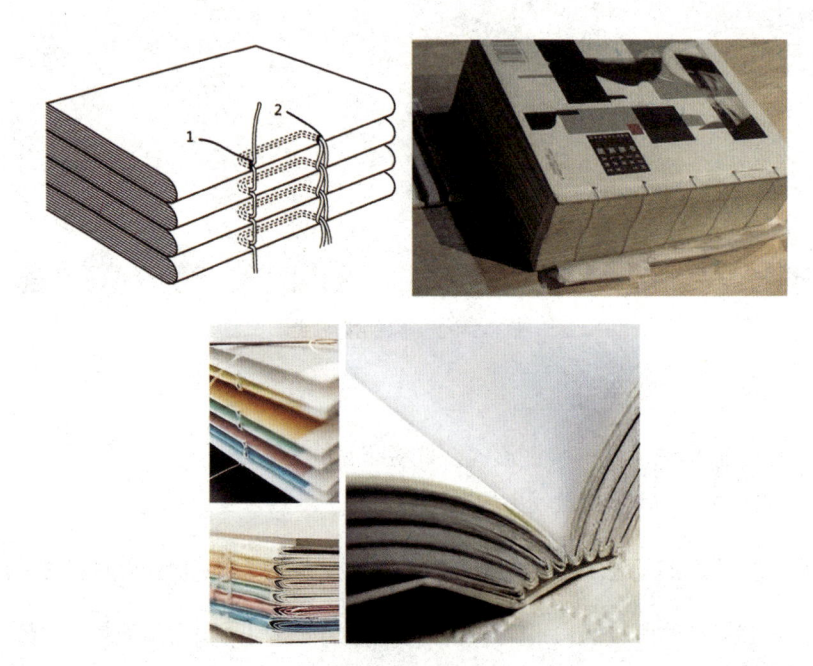

图 3-5-28　锁线订书籍形式

④ 胶粘订（无线胶粘订）

胶粘订是指不用纤维线或铁丝订合书页，而用胶水料黏合书页的订合形式。它是将经折页和配帖成册的书芯，用不同手段加工，再将书籍折缝割开或打毛，施胶将书页粘牢，最后包上封面。它与传统的包背装非常相似（图3-5-29）。

优点：方法简单，书页也能摊平，外观坚挺，翻阅方便，成本较低。

缺点：牢固度稍差，时间长了，乳胶会老化引起书页散落。

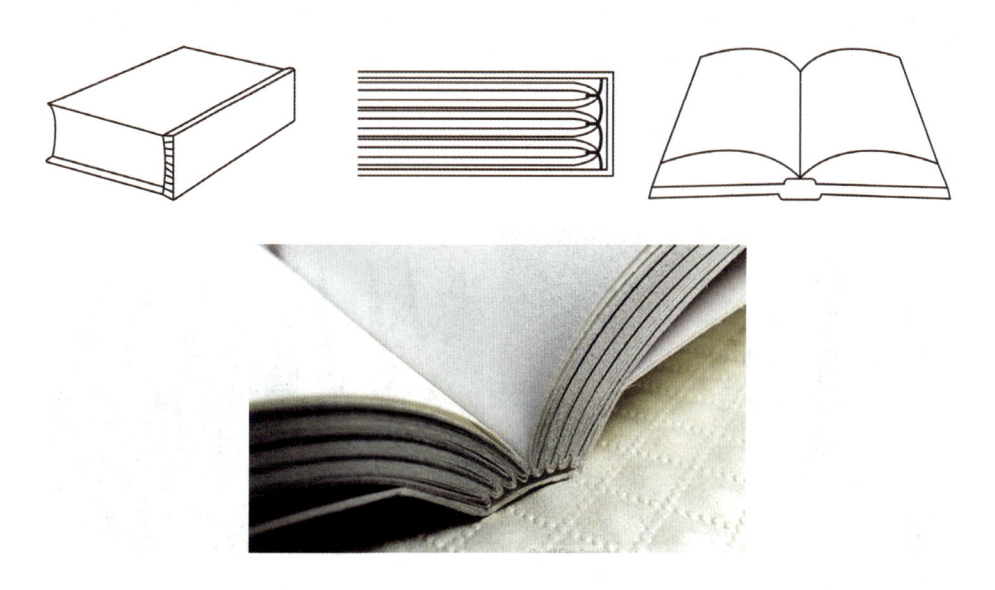

图 3-5-29　胶粘订书籍形式

⑤ 活页订

活页订，即在书的订口处打孔，再用弹簧金属圈或螺纹圈等穿锁扣的一种订合形式。单页之间不相粘连，适用于需要经常抽出来、补充进去或更换使用的出版物。外形新颖美观，常用于产品样本、目录、相册等（图3-5-30）。

图 3-5-30　活页订

优点：可随时打开书籍锁扣，调换书页，阅读内容可随时更换。

常见形式：穿孔结带活页装、螺旋活页装、梳齿活页装。

平装书的订合形式还有很多，如塑线烫订、三眼订等。

精装书的装订形式

精装是书籍出版中比较讲究的一种装订形式。精装书比平装书用料更讲究，装订更结实。精装适合于质量要求较高、页数较多，需要反复阅读，且具有长时间保存价值的书籍，主要应用于经典、专著、工具书、画册等。其结构与平装书的主要区别是拥有硬质的封面或外层加护封，有的甚至还要加函套。

精装书的订合形式有铆钉订合（图3-5-31）、绳结订合、风琴折式等（如图3-5-32至图3-5-34）。

图3-5-31　铆钉订合　　　　　　　　图3-5-32　风琴折式

图3-5-33　绳结订合1

图 3-5-34　绳结订合 2

① 精装书的封面

　　精装书的书籍封面可运用不同的物料和印刷制作方法达到不同的格调和效果。精装书的封面面料很多，除纸张，还有各种纺织物、丝织品、人造革、皮革和木质等（图 3-5-35 至图 3-5-38）。

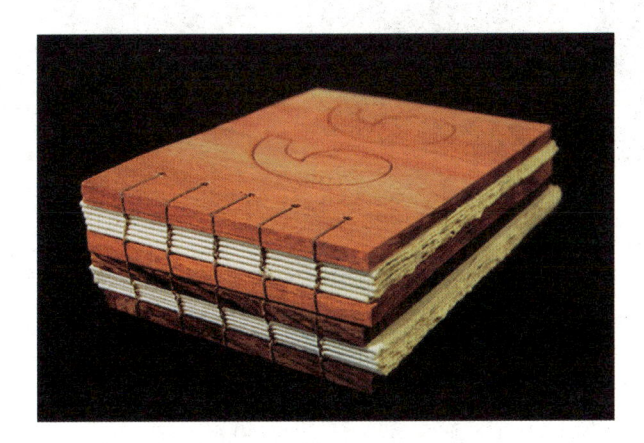

图 3-3-35　黄檀木封面和血木封面

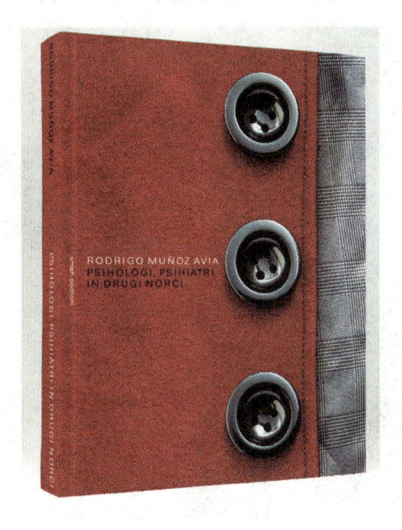

图 3-5-36　纽扣衬衫式的书籍

图 3-5-37　简洁的类信封设计

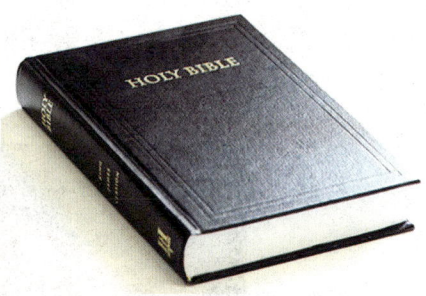

图 3-5-38　硬纸板封面设计

　　a. 软封面：用有韧性的牛皮纸、白板纸或薄纸板代替硬纸板。轻柔的封面使人产生舒适感，适用于便于携带的中型本和袖珍本，例如字典、工具书和文艺书籍等。

　　b. 硬封面：是把纸张、织物等材料裱糊在硬纸板上制成，适用于放在桌上阅读的大型和中型开本的书籍（图 3-5-39、图 3-5-40）。

图 3-5-39　硬纸板封面　　　　　　　　图 3-5-40　硬壳封面

② 精装书的书脊

a. 圆脊：是精装书常见的形式。其脊面呈月牙状，以略带一点垂直的弧线为好，一般用牛皮纸或白板纸做书脊的里衬，具有柔软、饱满和典雅的感觉，尤其薄本书采用圆脊能增加厚度感。

b. 平脊：是用硬纸板做书籍的里衬，封面也大多为硬封面。整个书籍的形状平整、朴实、挺拔，具有现代感，但厚本书（约超过 25mm）在使用一段时间后，书口部分有隆起的危险，有损美观（图 3-5-41）。

图 3-5-41　精装书书脊的样式

③ 精装书的专属名词

a. 飘口：封面 3 边均大于书心 3mm，即冒边，或称为飘口，便于保护书心，也增加了书籍的美观。

b. 堵头布（脊头布、顶戴）：是一种有厚边的扁带，粘贴在书心订口外的顶部和脚部，用于装饰书籍和加固书页间的连接。

c. 丝带：粘贴在书脊的顶部，起着书签的作用（堵头布和丝带的颜色，在设计时要和封面及书心的色调保持和谐）。

　　精装书书脊的堵头布与丝带如图 3-5-42、图 3-5-43 所示。

图 3-5-42　精装书书脊的堵头布与丝带

图 3-5-43　精装书书脊的丝线堵头布

第四章

书籍装帧设计的元素

书籍装帧设计是指书籍的整体设计，它包括的内容很多，其中封面、扉页和插图设计是其中的三大主体设计要素。

封面设计是书籍装帧设计的门面，它是通过艺术形象设计的形式来反映书籍的内容。在当今琳琅满目的书海中，书籍的封面起了无声的推销员的作用，它的好坏在一定程度上将会直接影响人们的购买欲。

图形、色彩和文字是封面设计的三要素。设计者就是根据书籍的不同性质、用途和读者对象，把这三者有机地结合起来，从而表现出书籍的丰富内涵，并以传递信息为目的，以一种美感的形式呈现给读者。

在封面设计中，要具有一定的设计思想，既要有内容，同时又要具有美感，达到雅俗共赏。

4.1 字体

字体是版面设计的基本元素。读者通过对字体形状的识别，产生内容联想。字体识别在阅读中最为重要，它的构成因素有字体、字号、字形。字体包括印刷常用的宋体、黑体、楷体、仿宋体，还有其他行书、隶书、魏碑等；字号是指字体的大小，如常用的正文四号、五号字；字形则指字体的长宽比，有方的、扁的和长方的。

字体的来源目前有两种：一种是传统的铅字，另一种是当今日益广泛应用的电脑激光字。不管来源于哪种字，我们对它们的评价标准是一样的——正确、协调。

4.1.1 字体类别

不同字体会给读者带来不同的感情色彩，了解不同字体所带来的感情特性，对版面设计和表现书籍内容无疑是不可缺少的语汇（图 4-1-1、图 4-1-2）。书籍字体不同于其他广告性字体，平常我们所提到的书卷气，其实就是指端庄、含蓄，书籍字体是相对稳定的。

宋体　　　　　　　　　　楷体

章草"字"（急就章）今"字"（王羲之）

隶书　　　　　　　　　　草书

图 4-1-1　宋体 楷体 隶书 草书

篆书　　　　　　　　　　黑体

仿宋　　　　　　　　　　行书

图 4-1-2　篆书 黑体 仿宋 行书

宋体

所谓宋体字，是后人对宋代雕版印刷中书体的称谓，其笔画特征在当时并不十分明显，其特征真正定型于明代，因此日本也称其为"明朝体"。宋体基本笔画特征出自楷体，其中包括点、横、竖、撇、捺、勾、挑、折等笔画。字体特点概括为横平竖直、横细竖粗，横画及横、竖画连接的右上方有钝角，撇如刀、点如瓜子、捺如扫等，结构饱满，端庄典雅，整齐美观。

宋体字既适用于印刷刻版，又适合人们的基本阅读需要，因此一直沿用至今，而且成为当今设计中最常使用的字体之一。在宋体的基础上发展出了一系列接近的字体，如特粗宋、粗宋、大标宋、小标宋、报宋、书宋、中宋、仿宋、长宋、宋黑等。其中特粗宋、粗宋、大标宋、小标宋、中宋由于横竖笔画粗细对比较大，不适合大篇幅地排印正文，因此通常用于标题字的设计；报宋、书宋、长宋适合排印长篇正文；仿宋多用于排印引言、图注等说明性文字。

黑体

随着无衬线西文字的出现，20世纪初在日本出现了一种新的印刷字体——黑体，也称"方体"。其特点是横竖笔画粗细一致，没有宋体字角的装饰性，结构严谨、笔力遒劲、庄重醒目，严肃且富有现代感。黑体字系列通常有特粗黑、粗黑、大黑、中黑、细黑、中等线、细等线等，其中特粗黑、粗黑、大黑、中黑适用于编排标题、细黑、中等线、细等线适用于编排正文。

楷体

楷体是在楷书基础上规范出来的一种字体，与手写体相近，流畅和谐，富有韵味，通常用于正文及说明性文字。

近年来，字体设计者又将一些手写字体及 POP 字体也加工为电脑用字，如行楷、隶书、魏碑、舒体、琥珀体、彩云体、竹节体等。

在纷繁复杂的字库里选择合适的字体进行版面编排尤为重要，设计时应反复斟酌，不可随意使用。如笔画复杂，字形过于生动、活泼的字体不适于排印正文，否则就容易使阅读者产生视觉疲劳；再如有些变体字体本身就存在间架结构失调，笔画不统一，缺乏美感等问题，使用这类字体只会对整体版面起到破坏作用，因此在选择字体过程中应当谨慎。

在国外，字体设计工作做得相当精细，对于特别的书稿还要单独设计字体，以追求字体形式与内容完美适应的境界，这对汉字设计来讲目前是难以实现的，因为一套汉字设计下来有上万个，而外文字母通常只有二三十个。然而汉字设计工作必须纳入装帧设计范畴中来，这一点是毋庸置疑的，因为书稿内容是通过印刷字体与读者进行交流，究竟这工作由谁来做，未来发展中的书籍艺术会有明确分工。今天的装帧设计面临的实际问题，是如何选择适宜的印刷字体来为书籍内容服务。

4.1.2 字距和行距

　　字距和行距对版面设计的文本编排以及整个版面效果具有重要的影响。通常来说，正文的字符间隔一般设定为"0"，但有时为了营造版面的节奏感与情趣性，也需要对部分文字的字距进行调整，以求得丰富的视觉效果，如标题字的设计、广告语的设计等。

　　行距的设定应视设计的具体情况而定，一般在字高的 1/2 到 1 之间，小行距的文字阅读起来通常没有大行距文字疏朗，但对节省版面空间起着决定性的作用。

　　这里要强调的是，字距和行距二者之间是有着密切的联系的。从阅读的流畅性角度看，行距必须大于字距，否则就会造成文字阅读上的不连接性。然而，现代设计中，有些设计师为了故意造成局部文字阅读的障碍性，有时也采用行距等于字距或行距小于字距的设计手段，那种耐人寻味感往往也能收到一些奇效。

4.1.3 字号

　　正文的字号设定应该在一定的范围之内。通常 9 ~ 12 磅适合排印正文，个别设计中为了考虑到整体版面的美观性，以及版面空间的经济性，也会使用 7 磅或 8 磅的字，但由于 6 磅以下的字不便于阅读，因此 5 ~ 6 磅的文字一般不使用或是单纯作为一种装饰手段来考虑。标题、引言、正文、图注之间的字号大小设定应本着对比与协调的原则，这样才能方便不同层级之间信息的区分，同时也能营造出版面文字的节奏感（图 4-1-3）。

五号字：	书籍装帧
四号字：	书籍装帧
三号字：	书籍装帧
二号字：	书籍装帧
一号字：	书籍装帧
初号字：	书籍装帧
72号字：	书籍装帧

图 4-1-3　字号大小样式参照表 1

序号	号数	磅数	尺寸（mm）
1		72	25.305
2	大特号	63	22.142
3	特号	54	18.979
4	初号	42	14.761
5	小初号	36	12.653
6	大一号	31.5	11.071
7	一号	28	9.841
8	二号	21	7.381
9	小二号	18	6.326
10	三号	16	5.623
11	四号	14	4.920
12	小四号	12	4.218
13	五号	10.5	3.690
14	小五号	9	3.163
15	六号	8	2.812
16	小六号	6.875	2.416
17	七号	5.25	1.845
18	八号	4.5	1.581

字号大小样式参照表

样 式 注意：此样式为宋体未加粗	字号大小	对应磅数
打印字体设计	八号	5
打印字体设计	七号	5.5
打印字体设计	小六	6.5
打印字体设计	六号	7.5
打印字体设计	小五	9.0
打印字体设计	五号	10.5
打印字体设计	小四	12.0
打印字体设计	四号	14.0
打印字体设计	小三	15.0
打印字体设计	三号	16.0
打印字体设计	小二	18.0
打印字体设计	二号	22.0
打印字体设计	小一	24.0
打印字体设计	一号	26.0
打印字体设计	小初	36.0
打印字体设计	初号	42.0

图 4–1–3 字号大小样式参照表 2

4.1.4 文字的基本编排形式

左右齐整

通常出版物的正文都采用这种方式，整体文本形态呈规矩、严谨感，方便读者阅读。

居中排列

这种形式适合较短小的内容，如标题短语和短篇文字，居中排列的同时也能形成庄重、古典感。

左齐右不齐

以左边为基准，每一个字符和下一行都对齐，右边可长短不一，给人以优美愉悦、自然流畅感。

右齐左不齐

以右边为基准，每一个字符和下一行都对齐，左边可长短不一，有停滞感、阻碍感，借此标新立异，达到个性的视觉效果。

自由编排

自由编排在现代设计中也往往被使用，它是在打破前几种编排形式的基础上，为了营造某种版面氛围（或是快乐，或是自由，或是急促，或是新奇……）而采取的一种文字编排形式。值得注意的是，采用这种编排形式时应考虑以下两个问题：

①文字阅读的完整性与舒适性。

②版面与版面之间文本形状的统一性与协调性。

掌握熟悉字体的特征，对字体创意以及字体在书籍设计稿中的运用有着举足轻重的作用。完整的字体设计包括文字形、音、意整体的传递，能够通过文字起到加深读者对书籍主题和内容的感受。

4.2 插图

书籍的插图包括摄影、插画和图案，有写实的、有抽象的，还有写意的。封面的设计要带有明显的阅读者的年龄、文化层次等特征，如少年儿童读物的插图形象要具体、真实、准确，构图要生动活泼，尤其要突出知识性和趣味性；对中青年到老年人的读物，形象可以由具象渐渐转向抽象，宜采用象征性手法，构图也可由生动活泼的形式转向严肃、庄重的形式。

具象的写实手法应用在少儿的知识读物、通俗读物和某些文艺、科技读物的设计上较多。科技、政治、教育类书籍的插图设计，很难用具体的图形去表现，使读者感受其精神上的含义。

4.2.1 书籍插图的定义

插图，即插附于书刊或文字之间的图画，是一种视觉传达形式，也是一种信息传播媒介。插图是运用图案表现的形象，本着审美与实用相统一的原则，尽量使线条、形态清晰明快，制作方便。插图是世界都能通用的语言。

插图属于"大众传播"领域的视觉传达设计范畴，是艺术设计的分支，最基本的含义是指插在文字中间帮助说明内容的图画。中国古代因插图出现的形式不同，故名称各异，如宋元小说中的卷头画为"绣像"，而表示章回故事的称为"全图"。在中世纪圣经手抄本中称"illumination"，指圣经或祈祷文中的装饰性文字和图案造型，以及宗教书籍中的圣像。现代插图是指视觉形象说明、论证文字的概念或图示事情的经过。现代插图有狭义和广义之分，狭义的插图概念指插图，即用来论证和说明的绘画作品；而广义的插图概念指可以作为说明和论证的视觉材料，如插画、图表、摄影等。

4.2.2 书籍插图的产生与发展

插图在中国有着悠久的历史，创于唐，盛于宋、元，到了明代，插图的数量十分惊人，如《西厢记》（图 4-2-1）里就有 10 种以上不同刻本的插图。插图取材范围很宽，广泛涉及文学读物、科技读物、儿童读物等各种内容，但属于艺术范围的插图，主要是文学作品插图，这是画家在忠于文学作品思想内容的基础上的再创造，具有独立的艺术价值，成为造型艺术的一个重要品种。直到 19 世纪末，西方现代书籍的出版方式对中国的书籍出版产生重大影响，在西方早期的书籍中，插图常见于宗教读物的手抄本，属于绘画插图（图 4-2-2 至图 4-2-4）。

图 4-2-1　《西厢记》彩绘插图

图4-2-2　1280-1285年，意大利伦巴底（Lombardy）的皮纸插图手抄本《圣徒的生活》

图 4-2-3　1405 年，法国苏瓦松或拉昂的皮纸插图手抄本《祷告书》

图 4-2-4　1460 年左右，巴黎的皮纸金泥手抄本

4.2.3 书籍设计中插图运用的目的

① 增强书籍的形式美，提高读者的阅读兴趣。

② 辅助文字语言来展现视觉形象，帮助读者对书籍内容进行理解。

③ 用图示的方法展示正文的内容，形象、直观、一目了然。

④ 能表述复杂的科技问题，减少文字叙述。

⑤ 文图并茂，美化版面。

4.2.4 书籍插图的形式分类

插图画家经常为图形设计师绘制插图或直接为杂志、报纸等媒体配画，他们一般是职业插图画家或自由艺术家，像摄影师一样具有各自的表现题材和绘画风格。对新形式、新工具的职业敏感和渴望，使他们中的很多人开始采用电脑图形设计工具创作插图。电脑图形软件功能使他们的创作才能得到了更大的发挥，无论简洁还是繁复细密，无论传统媒介效果（如油画、水彩、版画风格）还是数字图形无穷无尽的新变化、新趣味，都可以更方便、更快捷地完成。数字摄影这种新的摄影技术完全改变了摄影光学成像的创作概念，而以数字图形处理为核心，又称"不用暗房的摄影"。它模糊了摄影师、插图画家及图形设计师之间的界限，现今只要有才能，完全可以在同一台电脑上完成这三种工作。

按书籍类别分类

① 文学艺术类

以文学为前提，选择书中有意义的人物、环境，用构图、线条、色彩等视觉因素去完成形象的描绘，它具有与文字相独立的欣赏价值，可增加读者的阅读兴趣，使可读性和可视性合二为一，加强文学书籍的艺术感染力，给读者以美的享受，使读者对书中精彩的描述留下深刻的印象（图4-2-5）。

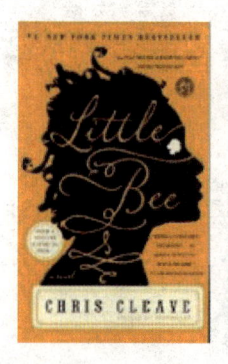

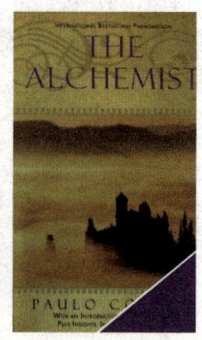

图4-2-5 《Little Bee》《The Lovely Bones》《The Alchemist》书籍中的插图

② 科技类

这类插图是某些学科必不可少的重要组成部分。如天文地理（图 4-2-6）、医学等书籍有许多内容仅靠文字很难说清楚，这时的插图就可以补充文字难以表达的内容，它的形象性语言应力求准确、实际，一些深奥的概念得以形象化的解释，使读者能够轻松、愉快地加深理解。

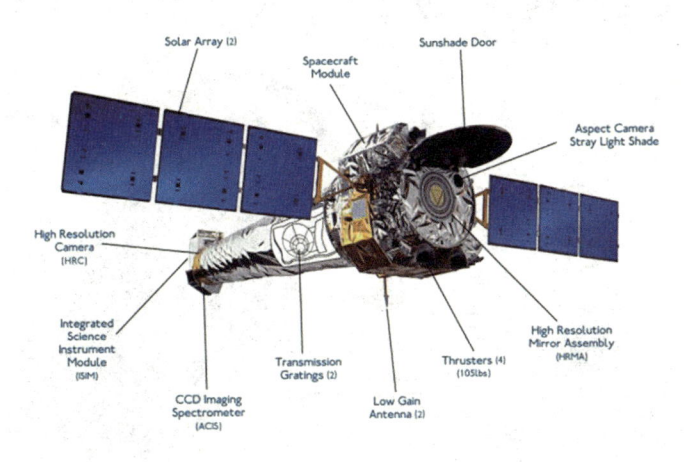

图 4-2-6　钱德拉 X 射线望远镜想象图

按书籍版式分类

① 单独插图

单独插图，即展开书籍时一面为文字，另一面为插图（图 4-2-7）。这种版式设计的关键在于文字与插图的均衡关系，因文字版是按版心统一编排的，所以插图的大小及位置，均以版心来定，以视觉舒适、空间搭配合理为佳。

图 4-2-7　国外杂志内文插图设计

② 文中插图

文中插图，即图、文相互穿插，形成一个整体的版面。这类版式的文字部分除了要受到版心外框限制，还受到插图轮廓的影响。字句要依轮廓形成长短不一的排列,是适形造型的一种版面风格,这时的插图已融入版面之中,这种版面的编排活泼、趣味性强,图文相互依存(图4-2-8)。但值得注意的是,图文搭配不当将会给读者的视觉造成一种混乱感,影响前后文字的连贯。

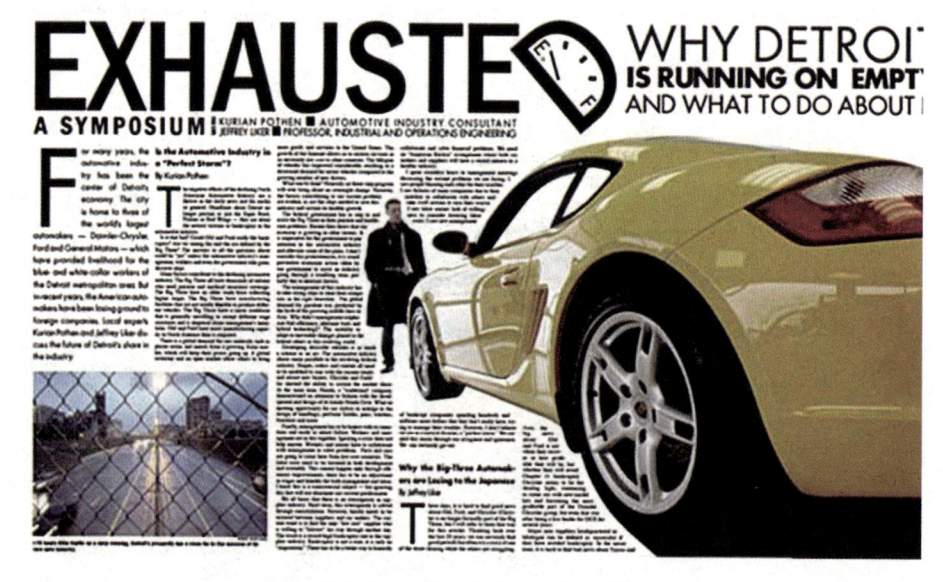

图 4-2-8　国外杂志内文插图设计

设计表现形式

① 人物形象

插图以人物为题材。首先,塑造的比例是重点,生活中成年人的头身比为 1∶7 或 1∶7.5,儿童的头身比例为 1∶4 左右,而卡通人物常以 1∶2 或 1∶1 的大头形态出现(图4-2-9)。人物的脸部表情是整体的焦点,因此描绘眼睛非常重要。其次,运用夸张变形的手法进行人物插画创作,不但不会给人带来不自然、不舒服的感觉,反而能够使人发笑,让人产生好感,整体形象更明朗,给人印象更深。

图 4-2-9　插图设计 Diego Maia(巴西)

② 动物形象

动物作为卡通形象的历史已相当久远，在现实生活中，有不少动物成了人们的宠物，这些动物作为卡通形象更受到公众的欢迎。在创作动物形象时，必须十分重视创造性，注重形象的拟人化手法，使动物形象具有人情味。采用人们生活中所熟知的、喜爱的动物较容易被人们接受（图4-2-10）。

图 4-2-10　插图设计 Oliver Wetter（德国）

③ 商品形象

商品形象是动物拟人化在商品领域中的扩展，经过拟人化的商品给人以亲切感。个性化的造型具有耳目一新的感觉，从而加深人们对商品的直接印象，以商品拟人化的构思来说，大致分为两类。

第一类为完全拟人化，即夸张商品，运用商品本身特征和造型结构做拟人化的表现。

第二类为半拟人化，即在商品上添加上与商品无关的手、足、头等作为拟人化的特征元素。

以上两种拟人化塑造手法，使商品富有人情味和个性化。通过动画形式，强调商品特征，将动作、言语与商品直接联系起来，宣传效果较为明显。

书籍插图的艺术特征

插图在书籍中的主要功能是吸引注意力的功能，其增强了书籍的阅读诱导性和趣味性，同时有效且简洁明了地反映和传达了书籍内容，便于读者抓住重点。插图的诱导功能是指其抓住了读者的心理反应。好的插图不仅是书籍注解，更是一种积极的具有形式风格的艺术。

① 从属性

插图的主题思想是由文学的内容所规定的，它是一种从属于文学的造型艺术。插图画家必须正确和深刻地反映作品的思想内容，插图应与原作中描写的环境、人物、时间、地点等吻合，否则就谈不上与文学作品相配合，也就无法称为插图。

② 独立性

文学是语言的艺术，它以文字为表达手段；造型艺术是视觉的艺术，它以形象为表达手段，它们各具特色，但也都具有局限性。插图是二者的结合体，好的插图不需要加标题说明，也不需要从书中引括，但读者看后能轻松体会内容，唤起丰富的想象。

③ 装饰性

书籍大多离不开插图的衬托，插图不但能突出书籍的主题，而且还会增强书籍的艺术表现力。随着读图时代的来临和印刷技术的进步，插图在书籍设计中的作用日益明显。书籍插图作为文字的补充，是再现文章情节，体现文学精神的可视化艺术形式。在书籍设计中，插图帮助读者理解书籍内容，丰富想象的空间，还可以增加书籍设计的层次，增强书籍的视觉冲击力和趣味性，使读者轻松地享受读书的乐趣。

④ 整体性

插图作为书籍装帧的一部分，必须在全局下统一进行，要考虑表现形式与印刷工艺之间的适应因素，还要考虑配置与版面风格的一致性，版面内部的栏、行等，放在版心的什么位置，将产生什么样的节奏、韵律。插图一方面依靠读者与书籍之间建立的心理线索，根据内容的高潮起伏做相应的插入；另一方面还要注意阅读中的文字与插图之间的节拍，即阅读、间隙、看图，从人的生理、心理来考虑读者的最佳接受的时间与空间，并选择能推动文稿发展，便于诱导读者产生联想和想象的关键之处加以插入。

⑤ 人文性

插图的使命是通过阅读图片使书籍的思想进入读者的心灵。从造型艺术审美价值的原理研究插图，从感性上升到理性，探讨如何从事物的外部影响人的思想情感的发展和变化，研究人是如何感知形态的，研究视觉现象的物理反应、生理反应及心理判断，按照知觉规律去观察，按照心理规律并利用形态构成去创造。今天在形式美的追求方面大多强烈地体现了设计师的个性，将精神内涵与个人风格融为一体，越来越多地把具象、抽象形态整合起来，运用在形式美中。形式美的基础很重要的一个方面，就是建立在人类共有的生理和心理上，人的感觉与经验往往是从生理与心理开始的。现代设计以人为中心，插图作为书籍装帧设计的组成部分也不例外，从人的因素考虑人的一切活动，以人为本的观念为插图注入了新的活力，从而加速了信息的传达。

⑥ 信息性

以传播信息为最终目的是信息时代对插图的基本要求，今天书籍装帧不仅作为体现书刊文化内蕴的载体，而且是书刊流通领域中商品竞争的构成机制之一，如何从经济、实用的设计原则出发，加强竞争力、信息性、审美性，已成为现代书刊设计创意的要求。在书籍插图中造型因素以及形式的选择，会直接影响到意境与情调的表达，巧妙合理的运用，使感性因素与理性因素达到和谐统一，才能使所要传达的思想、信息给读者留下更深刻的印象。

书籍插图的创作与表现

根据对书籍内容的理解，插图的风格设计需按书籍整体设计定位来考虑。文学书籍插图的风格主要根据情节、意境来把握；科技书籍的插图往往运用摄影或绘画为插图，反映内容的准确性、常识性和科学性；少儿读物的插图创作要有趣味性和常识性。

书籍插图设计多少带有作者的主观意识，它具有自由表现的个性，无论是幻想的、夸张的、幽默的、情绪的还是象征性的情节，都能自由表现处理。作为一个插画师，对事物有较深刻的理解，才能创作出优秀的插画作品（图 4-2-11）。

① 贴近内容、消化内容、提炼内容。

② 绘画语言的运用。

③ 整体风格的把握。

④ 书籍插图的表现形式运用。

图 4-2-11　Vladimir Stebenev——黑白插画

联想：是从一个事物推想到另一个事物的心理过程。对视觉表述来说，联想便是从所要表达的内容推想出一种相关的事物来表现它。具体可以分为接近联想、对比联想、因果联想、类似联想 4 种。

比喻：把要表达的内容作为本体，通过相关联的喻体去表现内容的本质特征（喻体和本体之间要有相同的特征）。这种方法常常能把抽象的概念形象地表达出来，其主要包括明喻、暗喻、借喻等几种主要形式。

象征：与比喻有些相似。象征是以一个抽象或具象事物来表现另一个抽象或具象事物；比喻是用一个具象事物比喻另一个具象事物或抽象事物。它们的区别在于比喻的两者之间必须有本质联系，象征的两者之间不必有本质联系。

拟人：是把事物人格化的修辞方式，它能赋予对象人性的色彩，所以，拟人是这4种方式中最易被人接受的，也是被广大设计师采用最多的一种视觉表达方式。

作为书籍装帧重要组成部分的插图，在思想、情感、形式上应该是流畅、细腻而精湛的，是统一在书籍整体风格之中的。它的设计、构思、创意过程，可以说是感性与理性不断交融的过程，首先是原著内容触发的情感、想象力和设计思维，由此构成读物的启示点，在此基础上，将素材进行创造性复合，以理性的把握和创造来实现书籍形态设计的整体构想，从而加速信息的传达。

4.3 色彩

在书籍装帧中要把色彩和文字融入情感当中，让书籍可以拥有生命力，抓住读者的视线，达到吸引读者的目的。人们在观察景物的时候，第一印象就是对色彩的感觉。书籍装帧中的色彩是给人们最开始的第一眼印象，一本书想要在很多图书中先声夺人、脱颖而出，在书籍设计中运用恰当的色彩是至关重要的。

色彩是书籍封面设计引人注目的主要艺术语言，与构图、造型及其他表现语言相比，更具有视觉冲击力和抽象性的特征，也更能发挥其诱人的魅力；同时它又是美化书籍、表现书籍内容的重要元素。作为设计师，不仅要系统地掌握色彩基本理论知识，还应研究书籍装帧设计的色彩特性，了解地域和文化背景的差异性，熟悉人们的色彩习惯和爱好，以满足千变万化的消费市场。对于读者来说，因文化素养、民族、职业的不同，对于书籍的色彩也有不同的偏好。

色彩是由书的内容与阅读对象的年龄、文化层次等特征所决定的。鲜丽的色彩多用于儿童读物（图4-3-1），沉着、和谐的色彩适用于中、老年人的读物（图4-3-2），介于艳色和灰色之间的色彩宜用于青年人的读物（图4-3-3）。另外，书籍的内容对色彩也有特定的要求，如描写革命斗争史迹的书籍宜用红色调（图4-3-4）；以揭露黑暗社会的丑恶现象为内容的书籍则宜用白色、黑色（图4-3-5）；表现青春活力的书籍最宜用红绿相间的色彩。

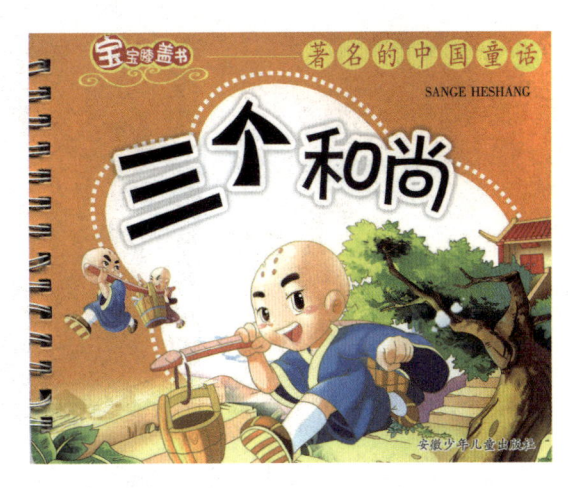

图 4-3-1　儿童读物的书籍封面

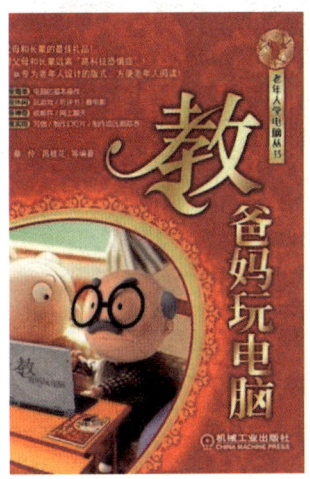

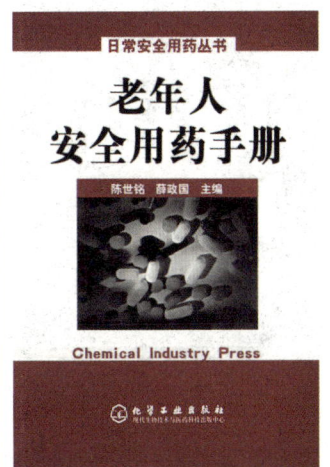

图 4-3-2　中、老年读物的书籍封面

图 4-3-3　青年读物的书籍封面

图 4-3-4　有关革命斗争史迹书籍的封面

图 4-3-5　反腐题材书籍的封面

4.3.1 色彩的注目性

　　书籍封面的功能是传递书籍内容，其中封面的色彩对人的视觉冲击力最大，因为色彩与人们的情感有着密切的联系。书籍封面设计是在有限的面积中去做文章，这就决定书籍封面设计的色彩应具有较强的信息传递能力，必须引起读者的注意，激起视觉的兴奋，给消费者留下深刻的印象。因此，为加强书籍封面色彩的注目性，在设计中应注意以下几点：

书籍封面用色要简洁

　　书籍封面设计的用色一般属于装饰色彩的范畴，主要是研究色彩块面的并置关系，给消费者一种美的感受。因此，书籍封面设计的用色种类并不一定要多，有经验的设计师都懂得惜色如金、以少胜多的道理。从书籍的内容出发，色彩应做到提炼、概括和具有象征性，这是从审美的角度分析；从经济利益的角度来看，用色少可以降低成本，有利于商家和消费者的利益。

要注重色彩的对比

在色彩的运用上常见明亮的色彩，暖色和高纯度的色彩也比较易见，但最能引人注目的色彩却不多见，究其原因就是缺乏对比。书籍封面的用色与底色的对比有着密切的联系，如色相上的冷与暖，彩度上的艳与灰，明度上的黑与白、浓与淡，面积上的大与小、宽与窄、形状上的曲与直、平与斜，方向上的左与右、上与下的对比等诸多因素都能加强对比效果。除此以外，还要在底色与图片的边缘处理上运用对比色来产生醒目的效果。

要考虑在同一个消费市场中和同一类书籍的货架上，自己设计的书籍封面的色调和其他书籍的色彩所产生的对比关系，这也是产生醒目效果的一个重要因素。

装帧设计大师评2008年度"中国最美的书"（图4-3-6至图4-3-15）。

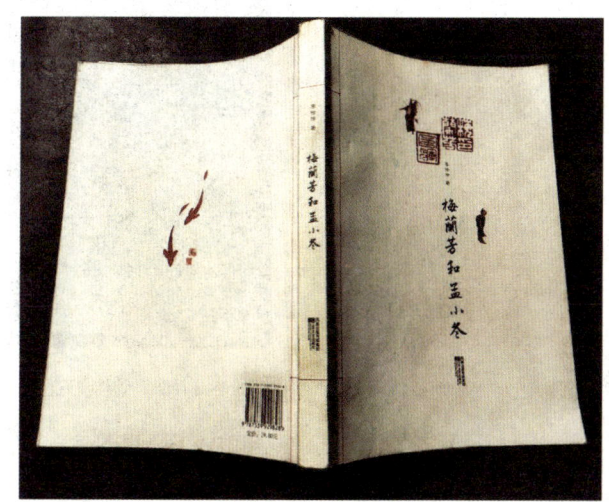

图4-3-6 《梅兰芳和孟小冬》

图4-3-7 《我的开卷》

图4-3-8 《外星童话》

图4-3-9 《荷花回来了》

图 4-3-10 《画说红楼》　　　　图 4-3-11 《不哭》　　　　图 4-3-12 《中国记忆》

图 4-3-13 《看草》　　　　图 4-3-14 《绝版的周庄》　　　　图 4-3-15 《中华五色》

4.3.2 色彩的从属性

　　书籍封面设计艺术与其他文学艺术形式一样，它的根本法则是内容决定形式，形式为内容服务。因此，它除了受到书籍内容的制约外，还受到构图、色彩等形式因素的制约。同时，封面设计的色彩是在特定的条件下，要求设计师在一个固定的空间里做颜色的选择，去进行各种各样的"形色统一"，因此，书籍封面设计色彩的确定不能只依靠设计师凭空想象，必须从属于书籍的题材、类别、档次、销售对象和销售地区。设计师首先要了解销售市场同类书籍的设计特点，在进行市场调研的基础上，加之对书籍内容的理解才能确定设计的定位，否则设计将是盲目的。在色彩运用中必须根据不同书籍的内容做到有的放矢。

　　一般来说，设计幼儿刊物的色彩，要针对幼儿娇嫩、单纯、天真、可爱的特点，色调往往处理成高调，减弱各种对比的力度，强调柔和的感觉（图4-3-16）；女性书刊的色调可以根据女性的特征，选择温柔、妩媚、典雅的色彩（图4-3-17）；体育类杂志的色彩则强调刺激、对比，追求色彩的冲击力（图4-3-18）；而艺术类杂志的色彩就要求具有丰富的内涵，要有深度，切忌轻浮、媚俗（图4-3-19）；科普书刊的色彩可以强调神秘感；时装类杂志的色彩要新潮，富有个性（图4-3-20）；专业性学术杂志的色彩要端庄、严肃、高雅，体现权威感，不宜强调高纯度的色相对比（图4-3-21）。只有设计用色与设计内容协调统一，才能使书籍的信息正确迅速地传递，使消费者即使不依靠图像、文字，只看色彩也能领会是哪类书籍。

图 4-3-16　幼儿书籍封面色彩设计

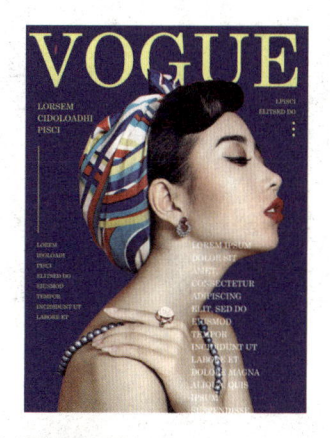

图 4-3-17　女性书籍封面色彩设计

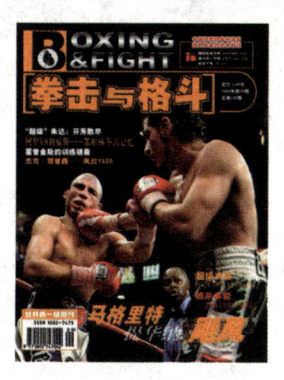

图 4-3-18　体育类书刊封面色彩设计

图 4-3-19　艺术类书刊封面色彩设计

图 4-3-20　时尚类书刊封面色彩设计

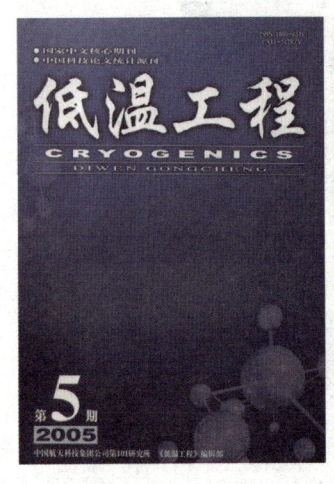

图 4-3-21　专业性学术书籍封面色彩设计

4.3.3 色彩的科学性

随着科学的发展，人们对色彩的研究已包括色彩物理、色彩生理、色彩心理等多个领域。色彩的心理作用表现在人对色彩有冷暖、轻重、软硬、进退、兴奋与宁静、欢乐与忧愁等感觉，将这些色彩对人的生理和心理的作用运用到书籍封面设计中，是今后着重研究的方向。当然，色彩的心理作用及联想会因国度、民族、年龄、性别的不同，以及社会制度、气候条件、文化素养、宗教信仰、风俗习惯和职业等差异，产生不同的心理反应，设计师也只有了解读者对象，"投其所好"，才能使色彩设计具有生命力（图4-3-22、图4-3-23）。

图4-3-22　《中华传统美德格言》

图4-3-23　《甲骨文书法篆刻字典》

此外，应注意色彩的心理作用是复杂的，并非一成不变的，色彩的心理作用和象征性也不是绝对的，随着时代的发展，人们对色彩的好恶也会有变化。书籍封面设计的色彩表现涉及多学科的综合课题，设计师只有在不断的摸索中，才能使书籍封面设计的色彩语言更准确、更具科学性。

4.3.4 色彩的个性

"个性"就是特异，就是与众不同，"个性"的开发就是开拓精神的体现。因为，书籍封面设计艺术与其他艺术形式一样，需要百花齐放，各种风格并存。书籍封面设计属于创作，它是科学和艺术的有机结合。优秀的封面设计贵在创新，如何创造出好的"个性"色彩，应注意以下几方面：

要向传统观念挑战

设计师由于生活经验和长期从事专业设计的原因，在设计每一类书籍时往往都有一种习惯，就容易出现雷同。因此，要使书籍封面的用色出奇制胜，就要在用色上跳出同类书籍的模式，用不同的色彩表现相同的功能是完全可能的。

要向新的色彩领域开发

要辩证地全面理解每种色彩的性质和功能，以及给人心理带来的影响，例如，"黑色"在我国传统观念上被视为不好的颜色，给人以悲哀、忧郁之感，但是它又有庄重、神秘、沉稳的内涵，"黑色封面"在现代的国内外市场已被读者接受。另外，设计师要随时掌握现代市场的信息，研究读者的审美心理，密切注意各国度、地区不断变化的流行色，以敏锐的观察力及时发现契机，使设计色彩能诱导读者消费，体现超潮流、超时代的意识。设计师还要具有本专业所涉及的各学科知识，要广开思路，在其他领域的艺术中寻找灵感，开发色彩的源泉，扩大色彩设计领域，如陶瓷、剪纸、建筑彩绘、戏曲脸谱等，从中寻找设计色彩的灵感、意境和情调。

契诃夫曾说过，简洁和天才是孪生姊妹。的确，简洁要求设计师具有很高的审美能力和视觉语言的表现力，简洁、雅致的设计语言相当于文学中的"一语惊人"，是装帧设计理念的最高境界。法国的布封有一句名言："风格即人。"这一类型的设计风格主要运用在文学类书籍上，在文学类书籍封面设计中的色彩应单纯、简洁，减少色彩种类或使用色相、明度、纯度都比较接近的色彩搭配，能够使作品具有较高的品位，如用一些白色、灰色、绿色与金黄搭配。为了使书籍封面整体设计充满活力，封面设计常常在封面的某个部位使用强烈或突出的色彩，以吸引读者的注意力，起到画龙点睛的作用。

综上所述，色彩是人类生活中美的给予者，随着物质生活的高度发展，人们对书籍色彩的审美品位越来越高。因此，设计师应该掌握书籍封面色彩的发展规律，创造出具有鲜明时代特征的书籍封面（图 4-3-24 至图 4-3-27）。

图 4-3-24 国外精美图书封面设计欣赏 1

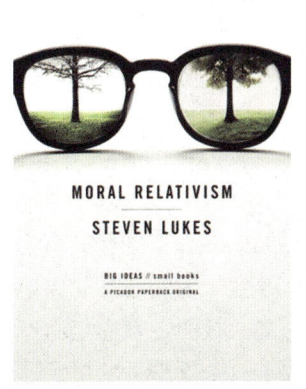

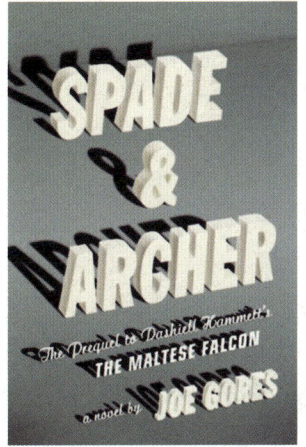

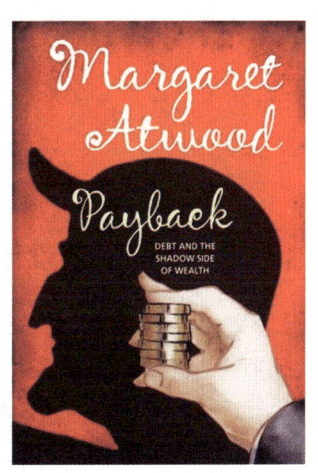

图 4-3-25 国外精美图书封面设计欣赏 2

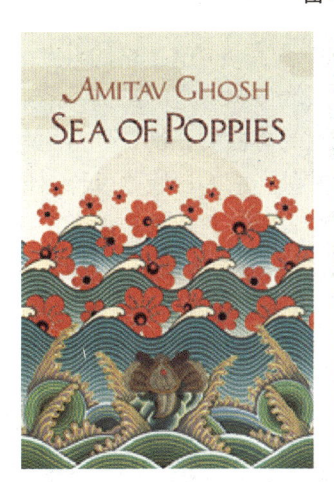

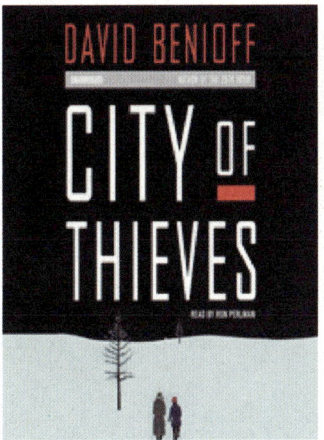

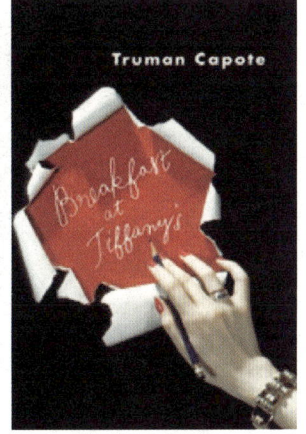

图 4-3-26 国外精美图书封面设计欣赏 3

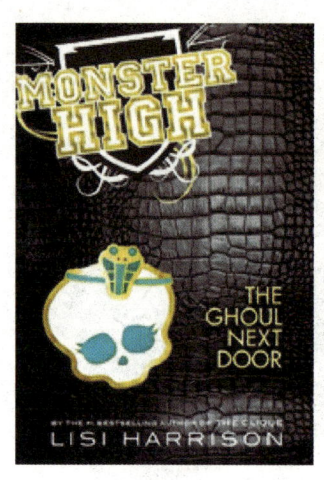

图 4-3-27　国外精美图书封面设计欣赏 4

4.4 版面设计形式

世界上目前存在着 3 种典型的版面设计形式：古典版面设计、网格设计、自由版面设计。

4.4.1 古典书籍版面设计

最初出现的书籍的古典版式设计是由德国人古腾堡（Gutenberg）创造的。当时他为拉丁文的经典图书《圣经》做版面编排，在面对这个难度颇大的任务时，他最终决定以图书订口为轴心，将左右两页对称装订的基本形式，版面上空白与非空白部分相互协调，双页上没有文字印刷的部分围绕文字组成了一个保护性的框子，文字图片被嵌入版心之内，这种理性分割的形式贯穿整本书的始终。

古典版式设计的特点是以订口为轴心，左右两页对称，内文版式有严格的限定，字距、行距具有统一的尺寸标准，天头、地脚、内外白边均按照一定的比例关系组成一个保护性的框子，文字油墨的深浅和嵌入版心内图片的黑白关系都有严格的对应标准。谷登堡成为西方活字印刷和图书编排的始祖，其创造的古典版式设计由于结构严谨，形式典雅大方，在相当长的时间里受到读者的青睐。古典版式设计在书籍设计史上统治欧洲数百年，直到今天仍然具有很大的市场，它并未因时代的发展而彻底被淘汰。

4.4.2 网格设计

伴随着现代文明而形成的网格设计产生于 20 世纪初叶的西欧诸国，完善于 50 年代的瑞士。栅格设计不是简单地将文字、图片等要素并置，而是遵循画面结构中的相互联系发展出来的一种形式法则，它的特征是重视比例、秩序、连续感和现代感。

栅格设计成功的关键是在仔细计划的基础上，纵横划分版面的关系和比例。当我们把技巧、感觉和栅格这3者融合在一起灵活而创造性地进行设计时，就会产生精美大方、令人印象深刻的版面，并在整体上给人一种清新感和连续感，具有与众不同的统一效果。同时，设计工作也因此更加方便，设计师不会再因图与图之间的距离，文字与图之间的关系等原因而伤脑筋。

我们在版式设计中使用的所有元素都是按照这些格子的划分有序分布、组织的。在栅格系统中，对齐是一个基本的原则，包括竖向对齐，即栏的划分，图片和文字与栏的竖向对齐；同时也包括横向对齐，即对开页面中图文的左右横向对齐与协调。

栏的划分

确定通栏的数量：版面上的通栏在这里我们将其称为竖栏，其主要功能为放置文字内容。竖栏是版面上的骨骼主体，亦是骨骼各个部分展开的基础（图4-4-2）。

图 4-4-2 杂志版式分栏

竖栏的大小及变化，在拉丁语系的文字编排方面有着具体的规定。在一般情况下，每一栏中的字母约 50 个；中国的文字由于其视觉上的特点，还没有权威性的文字行距和间距方面的规定。

竖栏可以是双栏或是多栏的，也可以是单栏的，还可以是整栏或半栏的，半栏可以使编排具有更多的灵活性。竖栏的每个栏目也可以将其分为两栏或3栏，而在每个栏目的边缘线上，可以画 3 条线，以便于文字和图形的灵活编排。总体来讲，竖栏的关系规定了编排中的纵向方面的关系。

确定横栏的基本位置和大小、数量：横栏的基本位置规定了编排关系中的横向方面的主要关系，横栏的主要功能也是确定正文文字的基本位置。作为画面上最重要的信息载体，正文文字在视觉上应当成为贯穿整个版面的主体。在许多设计里，正文以其中灰的色调和整齐划一的排列，起着稳定和统一画面的作用（图4-4-3）。

横向的骨骼排列，也可将其分为多个分栏，每个分栏之间要有一定的间距，且这种间距要和竖栏分栏之间的间距保持一定的关系。分栏之间的边缘线也可以划两到 3 条线，使编排设计时更具灵活性。横栏各分栏的上下大小尺寸可根据具体情况变化，特别是放置标题文字的分栏在尺度上可以灵活一些，要考虑到大小标题的变化，但总体上仍要和其他分栏保持着级数关系。横栏的分栏高度也要考虑文字字体的样式和大小，以及它们之间的间距。拉丁文字的行距有着具体的规范，中文的行距通常由设计师根据设计需要自行确定。

图 4-4-3　汽车杂志版式分栏

确定骨骼边框和版面上下左右边缘的尺度关系：根据不同的设计内容和样式，骨骼边框和版面纸张边缘的关系的变化相当多。需要指出的是，骨骼边缘线主要是用来界定图形、文字，特别是正文的边框，在实际的设计过程中，常有将图形、图片超出骨骼边缘线的设计，因而在确定骨骼线的时候要充分考虑到这一点。

网格的设计

网格版式兴起于 20 世纪 50 年代的瑞士，在成为版面设计形式后，迅速风靡世界，成为现代版式构成的一种思路和手法。

网格版式的特点：整个版面以网格展现（主要用于报纸、杂志），网格设计以理性为基础，重视比例感、秩序感、连续感、清晰感、时代感和正确性。

网格设计的优点：将秩序引入版式设计，使所有的设计因素、字体、图片之间的协调一致成为可能。它使设计师得到一个连贯紧密、结构严谨的版面设计方案。

网格设计的方法：设计师在设计前要深刻了解书籍内容，明确设计目的，预测读者的潜在反应。

网格的形式：指组成网格的水平线和垂直线分割版式的方式，垂直线均规定栏目的宽度，水平线决定了栏目的高度。网格的形式主要有正方形网格、长方形网格等。

网格模式：是现代版式构成的一种特定方法，它严格按格子安排版面，讲求成块，追求对齐效果，横竖划分明确，方正切割清楚。

① 网格划分和构成要素

用一个 3 栏加 3 排的结构作为我们研究的构成版面，构成要素是 6 个灰色矩形和 1 个小圆点，把这些要素在这个格状结构中进行安排，最后将 6 个灰色矩形用文字取代，构成了新的排列格式。

a. 限制与选择：在水平系列中，所有矩形要素必须保持水平；在水平或垂直系列中，所有的矩形要素必须或为水平或为垂直；在倾斜系列中，所有的矩形必须同样倾斜或对比性倾斜。所有的矩形要素都必须使用，不能有矩形要素超出这个版面，矩形要素可以相切，但不能重叠；点可占据任何位置。

b. 构成要素的比例：由于整个版面的宽度为 3 个小方格，因此，要素的长度之比为 1 : 2 : 3。圆点和矩形也形成了比例关系。它的直径相当于一个小方格的 1/4，同时它的直径也大致与最长的矩形宽度相同。长矩形的宽度占方格的 1/5，短矩形的宽度占方格的 1/6 和 1/2（图 4-4-4）。

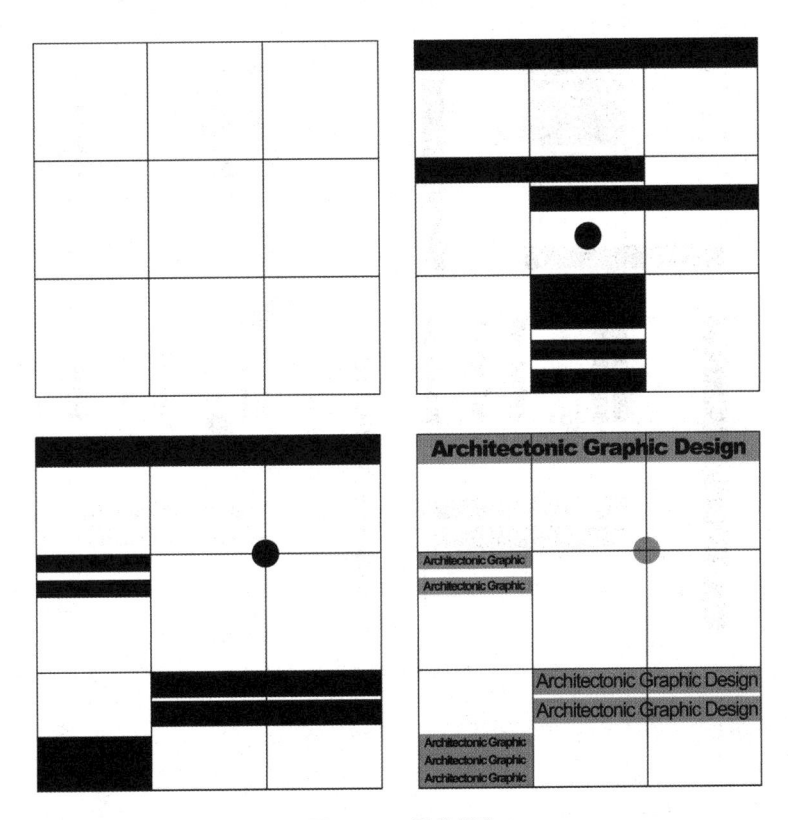

图 4-4-4　网格划分

② 网格版面构成

a. 水平构成：水平构成主要是将所有的构成要素水平摆放，不能重叠和垂直（图 4-4-5）。

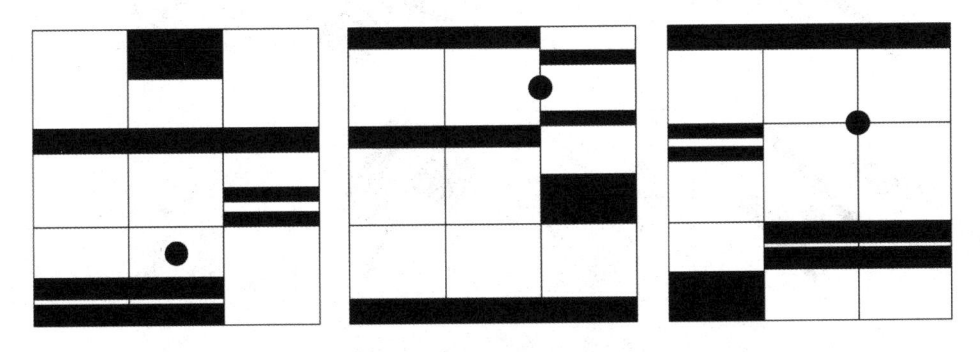

图 4-4-5　网格版面的水平构成

b. 水平或垂直构成：主要探讨水平加垂直的构成。这些构成包括前边提到的视觉理论，而且要更多地去决定每一个构成要素是水平放置还是垂直放置。所有的构成特征都需与阅读的导向问题联系起来（图4-4-6）。

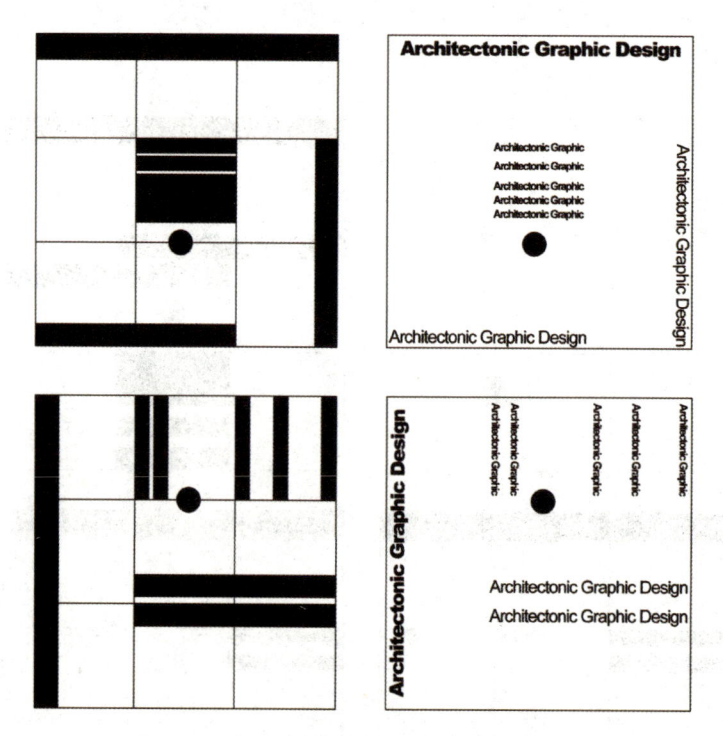

图 4-4-6　网格版面的水平与垂直构成

c. 倾斜构成：最复杂的构成导向就是倾斜（图4-4-7）。由于构成要素的尺寸为3栏×3格，其系统较难适应倾斜设计，要把构成要素的尺寸缩小15%，这样才能适应版面，在构成上也会有更多的弹性。最重要的是，要创造一种排列，使得每个构成要素之间有导向上的联系。

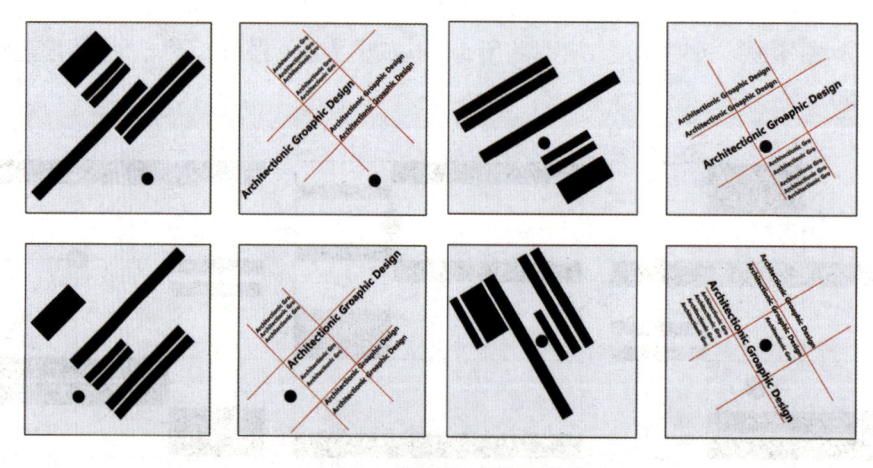

图 4-4-7　网格版面的倾斜构成

网格模式有三要点：网格定位、注重对比、搭构组合。四忌讳：强行出格、基线不明、等分版面、添加零碎（图4-4-8）。

图4-4-8　国外书籍版面编排

4.4.3 自由版式设计

自由版式是版式设计中的一种特殊类型，图像作为自由版式设计中的重要编排元素之一，其所承担的功能与其他编排元素息息相关。它不能孤立地存在于版面之上，要与其他编排元素有一定联系，而这种联系可以通过"形式美法则"来表现，也可以通过其他元素的添加来表现，更可以通过图像的变形与重构来表现。尤其通过图像变形与重构能使图像更灵动，具有充分的趣味性，给人带来一种与众不同的视觉体现。在对图像变形与重构中，设计师将自己对原始物象特有的体会、感受以一种全新的形式表现出来，使图像的形式与风格发生改变，从而使人们对图像产生不同于以往的感觉（图4-4-9至图4-4-11）。

图 4-4-9　书籍自由版式

图 4-4-10　杂志封面自由版式

图 4-4-11　杂志版面设计

4.4.4 自由版式的特点

版心的无疆界性

自由版式设计，其版心从诞生的那天起就无固定的疆界，它既不同于古典版式结构上的严谨对称，又不同于网格设计中栏目的条块分割概念，而是依照设计中字体、图形内容随心所欲地自由编排。无疆界性打破了传统页面天头、地脚、内外白边的形式，在排版过程中文字常常冲出该区域，使读者在阅读过程中产生不间断的联想，通过无疆界性设计出来的作品往往具有强烈的个性和独特性。当然，自由版式设计并不等于漫无目的的盲动或乱涂瞎画，而是有其自身的形式规律。自由版式设计并没有背离合理安排艺术的视觉元素和内在的基本原则，即线条、形态、色调、色彩、肌理、光线和空间等因素。

文字图形化

根据自由版式设计的特点，字体常常成为图形的一部分，即通常所说的字体图形。排版中常用的"计白当黑"的设计手法，是通过版式编排中的空白处理以达到"以形写意，以意达神"的目的，设计师常常把一幅版式设计当成一幅绘画作品来完成。版式的每一个字体、每一个符号都是画面中的排列元素，在字图一体的编排过程中，除了运用版式中常见的形式美法则，如节奏、韵律、垂直、倾斜等，还常在字图一体的处理中运用图形的虚实手法来达到字图融为一体的目的。字图一体在自由版式设计中，版面排列的位置常与图形中物体运动方向相互联系，使之成为图形的一个关联元素。字图一体还体现在版式的编排和图片上可以任意相互叠加、重合，使版面中有无数的层次，以增加画面的空间厚度（图4-4-12）。

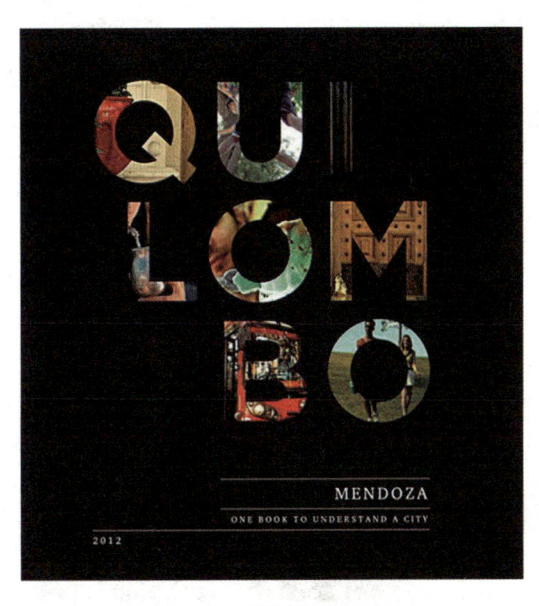

图4-4-12　书籍自由版式设计1

在视觉传达过程中，文字作为丰富的信息资源载体，有着举足轻重的作用。我们通常通过文字阅读来领略作者的内心世界，以及所写文字中蕴藏的宗旨和思想，而隐藏在文字内涵下的艺术价值很容易被忽视。在自由版式设计中，文字除了承载着作者浓厚的情感之外，还承担着其他功能，即通过各种视觉编排形式将丰富的信息资源林立于各种媒介载体之上，是版式设计师情感的宣泄与流露。

图像变形与重构

在版式设计中，图像不仅作为辅助传达文字内容的一种设计元素，也是一种提高设计可读性与趣味性的有效途径，其主要作用是对文字及内容做清晰的视觉说明与形象化阐释，同时对版面进行装饰与美化。欣赏者的审美感受更倾向于一种瞬间反应，而图像无疑是快速抓住欣赏者视线的最直接的"点"，也是刺激欣赏者产生反应的最直接的"点"，它能捕捉欣赏者内心，叩击其心灵，使其情感上受到触动或震撼（图4-4-13）。

局部的不可读性

现代设计的最高境界是功能美与形式美的结合，对功能美与形式美的追求是设计的宗旨，自由版式设计也不完全例外。但在自由版式设计中，除了部分可读，尚有一些局部具有不可读性，因而丧失了部分功能作用。"可读"指的是设计师在安排版式过程中认为读者应该"可读"的部分，它包括字体的级数大小、清晰度；而"不可读"部分在于版式编排的需要，认为读者无需读懂的部分，在处理手法上常常把字号缩小，字体虚化处理、重叠、复加，甚至用电脑字库中的数码符号来增加反映当代高度信息化社会的特点。我们从卡森的作品中就可以看出，卡森的版式设计常常将字体虚化处理，并且把字体旋转重叠。在高节奏的生活环境中，信息污染已很严重，人们在阅读图书、杂志的时候，不可能有大量的时间仔细品味辨认，若想增加视觉冲击力，读者能接受一部分信息就可以了，而另一部分读者可以不必接受（实际上不能读懂的部分只起到装饰作用），故此，在设计中读者不必读懂全部内容。

图 4-4-13　书籍自由版式设计 2

字体的多变性创意空间

任何新颖的版式设计都离不开字体的创新。古典版式是这样，网格设计也是如此，而到了自由版式时代，其对字体设计的要求不光是种类多样，更要求不断创造新型且富有现代感的字体以满足版面设计的需要。每一时期的设计需有新字体，由于拉丁文自身的特点，加上西方各发达国家的重视，字体的数量和种类极其庞大，而中文在这方面则相形见绌。自由版式设计字体的多变性不但能带来版面的新鲜感，而且还能反映出时间的流动感、速度感，时光的消逝总是伴随着特定的参照，社会的发展必然依靠生产力水平的提高。自由版式设计在儿童读物的书籍中应用广泛（图4-4-14）。

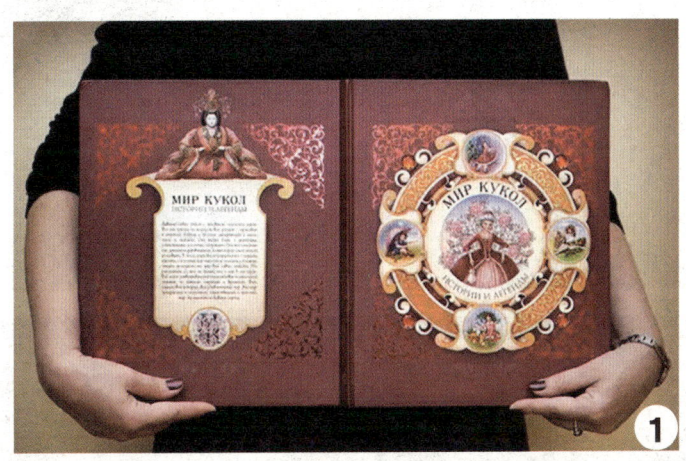

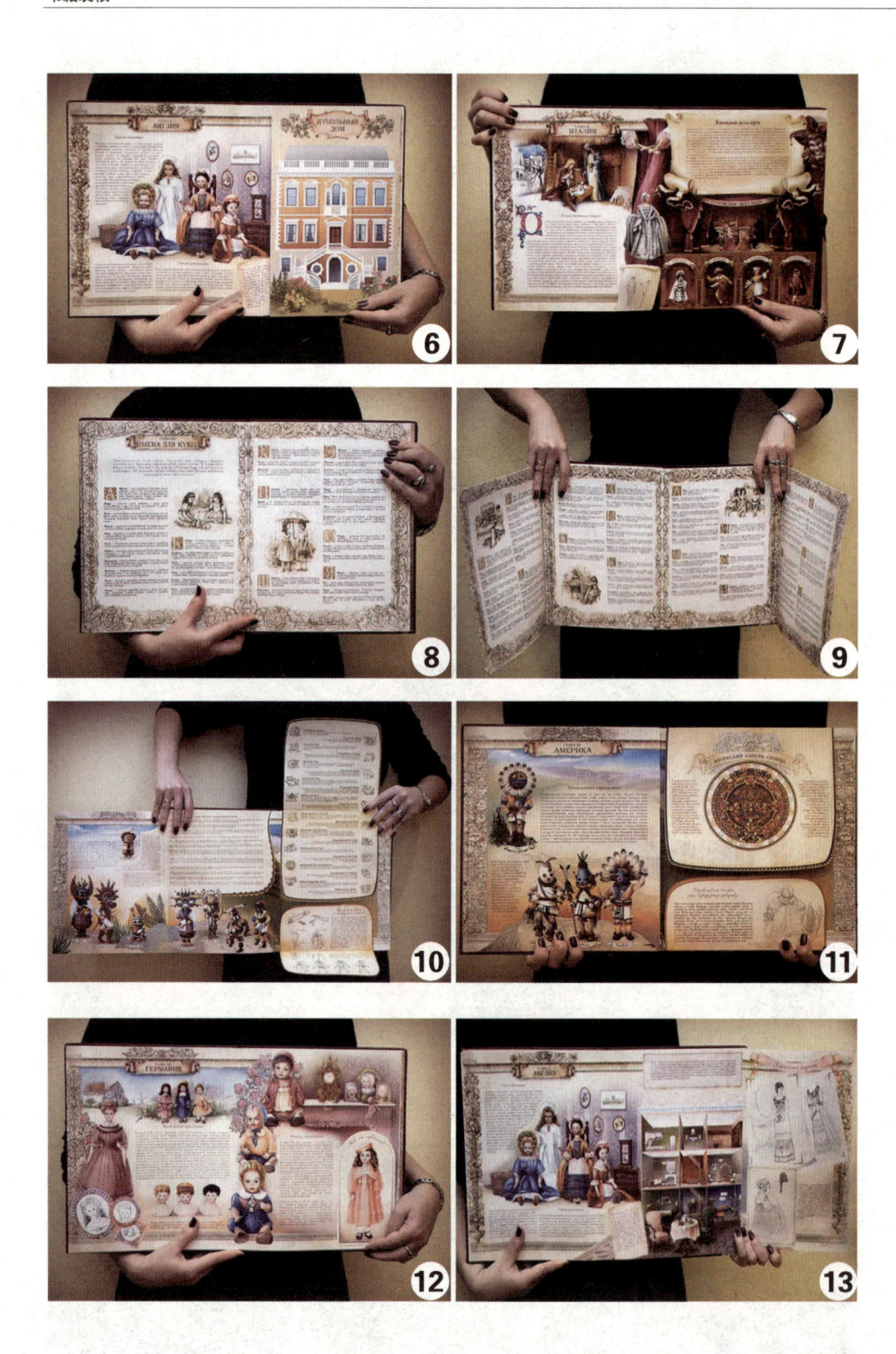

书籍装帧

图 4-4-14 《世界娃娃》—— 世界上最美的童话书

4.5 书籍版式设计的形式

随着市场和读者对图书装帧的要求越来越高，图书装帧的形式和概念在不断地发生变化，版式设计作为图书装帧的一个重要组成部分，同样也在不断地发生变化。优秀的版式设计，不仅有利于图书功能的充分展示，便于读者阅读，还能提升图书的自身美观度和文化品位，更可提升图书的销售效益。因此，正确认识和应用版式设计，是图书出版工作的重要工作内容之一。图书版式设计是整个出版过程中极为重要的环节，它完成的好坏程度直接关系读者的阅读体验。版式设计涉及的知识包括视觉艺术、审美习惯、阅读习惯，对于这样一个庞大的知识体系，很多经验不足者会无从下手。

4.5.1 书籍版式设计的概念

版式设计

版式设计亦称版面编排。所谓编排，即在有限的版面空间里，将版面构成要素（文字字体、图片图形、线条线框和颜色色块诸因素）根据特定内容的需要进行组合排列，并运用造型要素及形式原理把构思与计划以视觉形式表达出来，即寻求以艺术手段来正确地表现版面信息，这是一种直觉性、创造性的活动。编排，是制造和建立有序版面的理想方式（图 4-5-1）。

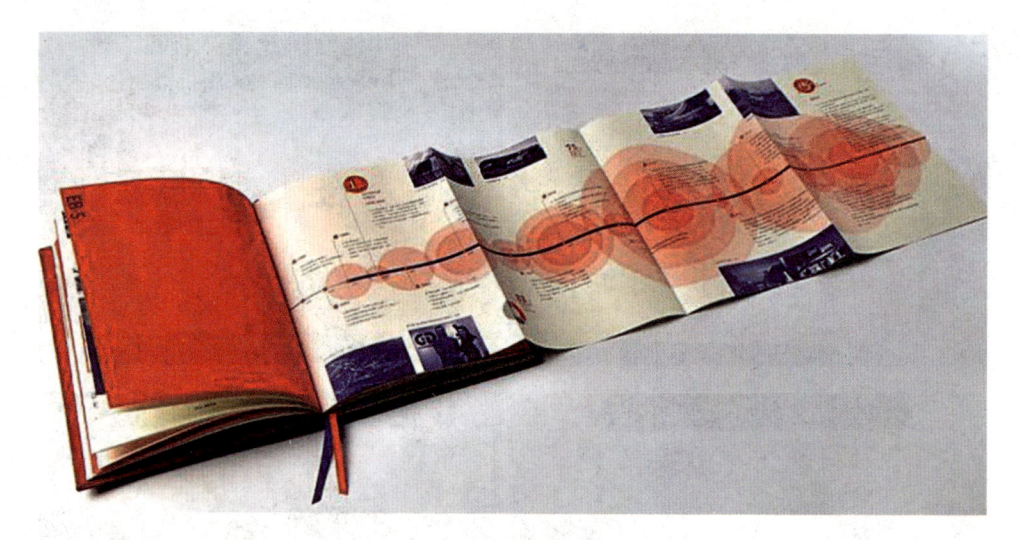

图 4-5-1　书籍版式设计

版式设计是平面设计中重要的组成部分，也是一切视觉传达艺术施展的大舞台。版式设计是伴随着现代科学技术和经济的飞速发展而兴起的，并体现了文化传统、审美观念和时代精神风貌等方面，被广泛地应用于报纸广告、招贴、书刊、包装装潢、直邮广告（DM）、企业形象(CI)和网页等所有平面和影像的领域，为人们营造新的思想和文化观念提供了广阔天地。版式设计艺术已成为人们理解时代和认同社会的重要界面。

书籍版式设计

书籍版式设计是指在一种既定的开本上，把图书原稿的体裁、结构、层次、插图等方面做艺术而又合理的处理，使书稿各个组成部分的结构形式能与图书的开本、封面、装订形式取得协调，给读者阅读带来方便。一般而言，除封面、环衬和扉页，前言也包括在其中。

书籍版式设计的基本模式

每幅版式中文字和图形所占的总面积被称为版心。版心之外，上面的空间叫天头，下面的空间叫地脚，左右称为内口、外口。中国传统的版式通常为天头大于地脚，是为了让人作"眉批"之用。西式版式是从视觉角度考虑，上边口相当于两个下边口，外边口相当于两个内口，左右两面的版心相异，但展开的版心都向中心集中，相互关联，有整体紧凑感。

目前国内的出版物版心基本居中，上边口比下边口略宽，外边口比内边口略宽，但有的前言和正文第一页会留出大量空白。版心靠近版面外口或下部。此外，版心的确定要考虑装订形式，锁线订、骑马订与平订的书，其里边的宽窄也应有所区别，不能同样对待。

版心的大小根据书籍的类型决定：画册、影集为了扩大图画效果，宜取大版心，乃至出血处理（画面四周不留空间）；字典、辞典、资料参考书，仅供查阅用，加上字数和图例多，并且不宜过厚，故扩大版心缩小边口；相反，诗歌、经典则应取大边口、小版心为佳；图文并茂的书，图片可根据构图需要跨页排列和出血处理，并使展开的两面取得呼应和均衡，让版面更加生动活泼，给人的视觉带来舒展感。

版式中的文字排列也要符合人机工程学，太长的字行会给阅读带来疲劳感，降低阅读速度，所以一般 32 开书籍都为统栏版式。在 16 开或更大的开本上，其版心的宽度较大，假如用五号字或小五号字版式，宜缩短过长的字行，排成两栏；如不宜排双栏的，像前言、编后记等则以大号字排列，或缩小版心。辞典、手册、索引、年鉴等，每段文字简短，但副标题多，也需采用双栏、三栏、多栏排列。分栏排列中的每行字数相等，栏间隔空一字或两字，也可放线条间隔。

书籍版式设计包含了两层含义。

① 按照技术规则对版式效果进行技术落实和数据核算。

② 从艺术探索的角度把握书籍最终的版式效果。

4.5.2 书籍版式设计的法则

对称与均衡

对称是同等、同量、同形的平衡，均衡是变化的平衡。前者的特点是稳定、整齐、庄严，但是比较单调、呆板。均衡是不对称的平衡，可弥补对称之不足，它既不破坏平衡，又在同形不等量或等量不同形的状态中使平衡有所变化，从而达到一种静中有动、动中有静的条理美和动态美。

两个同一形的并列与均齐，就是最简单的对称形式。对称的形式有以中轴线为轴心的左右对称，有以水平线为基准的上下对称，有以对称点为源的放射对称，有以对称面出发的反转对称。其特点是稳定、庄严、整齐、秩序、安宁、沉静。

均衡是一种有变化的平衡。它运用等量不等形的方式来表现矛盾的统一性，揭示内在的、含蓄的秩序和平衡，达到一种静中有动或动中有静的条理美和动态美。均衡的形式富于变化、趣味，具有灵巧、生动、活泼、轻快等特点（图 4-5-2）。

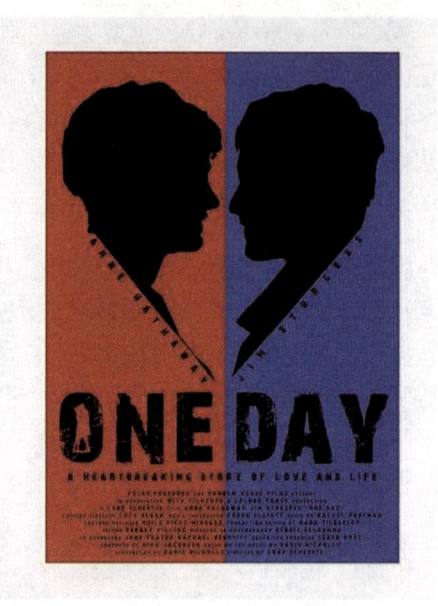

图 4-5-2　书籍版式设计的对称与均衡 1

比例与尺度

比例在设计中是指整体与局部、局部与局部，以及整体与其他整体的大小、长短、宽窄、轻重和数量关系。成功的版面构成，首先取决于良好的比例。比例常常表现出一定的数列：等差数列、等比数列、黄金分割率等，合适的比例必须符合设计对象和主体的要求及人们的习惯。尺度与比例是形影相随的，没有尺度就无法具体判断比例。和谐、完美的设计效果依赖于合适的比例和尺度。

对比与调和

对比强调差异性，着意让对立的要素互相比较，产生大小、明暗、黑白、轻重、虚实等明显反差。调和是使两种或两种以上的要素具有共性，相辅相成，即形成差异面和对立面的统一。现代设计的形式处理包括图形、形体、空间的对比，质地、肌理的对比，色彩对比，方向对比，表现手法对比，虚实对比等。局部的对比必须符合整体协调一致的原则。对比与调和规律的运用可以创造不同的视觉效果和设计风格。

节奏与韵律

所谓"节奏"是指变化起伏而合乎一定的规律。没有变化也就无所谓节奏，节奏是韵律的支点，是韵律设计的基本因素。"韵"是变化，"律"是节奏，即有节奏的变化构成了韵律。

节奏是按照一种条理和秩序做重复、连续排列而形成的一种律动形式。在设计中，有规律的重复和对比因素的存在是节奏产生的基本条件，如文字既有等距的连续，也有渐变、大小、长短、高低等不同的排列。韵律可看成节奏的较高形态，是不同节奏的美妙而复杂的组合（图 4-5-3）。

图 4-5-3　书籍版式设计的对称与均衡 2

变化与统一

　　变化而又统一是形式美的总法则，是对立统一规律在设计上的运用。变化和统一的结合是设计构成中最根本的要求。变化是一种智慧，是想象力的表现，可造成视觉上的跳跃。它包含了全面、多样的内容要素和自身矛盾的特殊性，但它必须统一在一个有机的整体之中。图书设计的整体性观念是以哲学、美学上的整体性思想为基础的。设计的整体观念要求版面内诸构成要素相互依存、彼此联系、紧密结合，具有不可分离的统一性。只有树立设计的整体观念，才能覆盖和包容一切形式美的法则：整体美、和谐美、均衡美、对比美、节奏美等（图 4-5-4）。

图 4-5-4　书籍版式设计的变化与统一

美感和韵律来源于数学比例（A4 开本是 2 ∶ 3 黄金分割）。对版式的推敲就是考虑开本、版心、边距、文字、间距、行距、图片、图形的各种比例关系。

4.5.3 书籍版式设计的步骤

在开本尺寸规定的面积中，决定版心的大小、位置、版面的布局，以及天头、地脚、内文白边的面积尺寸；确定字体、字号、字距、行距以及插图的大小和位置。

设计程序

版式设计除了必须合理地编排各个信息要素，还应特别注重整体设计风格的一致性和连贯性。

一致性：在这里指某个单行本，如一本书、一本杂志、一本简介或一本说明书等的整体装帧设计（如统一的书眉设计、统一页码设计、统一的标识设计等）。

连贯性：在这里指成套的系列丛书、定期出版的杂志，以及稳定发行的报纸等具有一本接一本、一期接一期特征的总体版式设计（如统一的封面设计、统一的标题设计、统一的色彩设计等）。版式设计的方法还由于媒体的不同而有差异，如路牌与招贴的版式设计有差异、书籍与杂志的版式设计有差异、杂志与报纸的版式设计有差异、严肃性读物与消遣性读物的版式设计有差异、成人读物与儿童读物的版式设计有差异等。

版式设计的方法多种多样，但具体操作时不外乎下述几个程序。

① 勾小草图

当设计师接到项目并掌握了相关的素材资料后，勾小草图就是最先要做的事情。勾小草图的过程实际就是设计师思索的过程，这当中不能排除不同媒体版式的特性对设计师思维的制约，也不能排除不同文字字形、不同图片对设计师编排的影响，但优秀的设计师往往能将这些制约和影响幻化为思维飞翔的翅膀，以限制性开发创造性，化限制为自由。所谓"将计就计""因地制宜""因形制形"讲的就是这个意思，要学会接受限制、掌握限制，更要学会利用限制。

② 设计稿

小草图阶段是十分凌乱潦草的，当设计师在凌乱潦草的若干小草图中选择出比较好的设计方案时，就可以把它放大出来继续深入完善，这是一个很重要的程序，称为设计方案阶段。设计稿中，版式设计形式的选择范围应比小草图时明显收缩，但也不是一两幅就能了事，应根据设计方案的需要画出几张效果图（可能是单色的，也可能是彩色的）进行比较，差异不一定很大。这个阶段要在编排格式上认真琢磨，仔细推敲，不断挖掘，以保证下一步正稿的质量，采用计算机软件从事版式设计的人员，可以直接在显示屏上多做几个方案，最后打印出来让客户过目比较后再上机修改确定（图 4-5-5）。

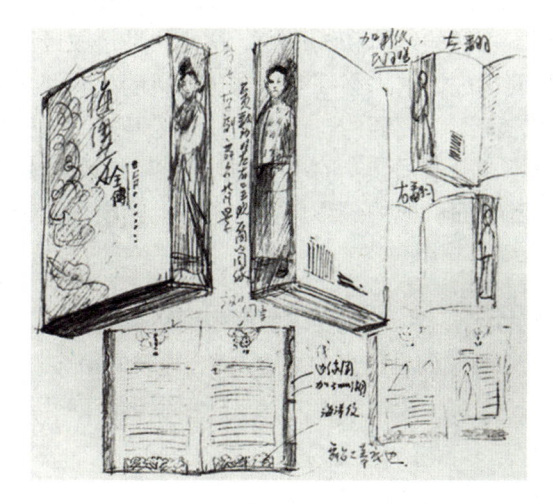

图 4-5-5 《梅兰芳》设计手稿与出版实物　吕敬人 设计

如图 4-5-5 所示，随着书籍的左翻、右翻，书脊上呈现了梅兰芳的戏剧舞台和生活舞台的两个生动形象，设计将主题的视觉符号贯穿于书的三维空间之中。

③ 正稿

最佳设计稿确定后，就开始根据它绘制正稿（彩稿或墨稿）。正稿的标题、文字、图形等与成品是一致的，必须严肃认真对待。色彩有时可能有误差，印刷物如招贴、封面的正稿要记住在边界处留出 3mm 切口，以免印制出成品后边缘遗留下未切到的白边。使用电脑进行版式设计的人员常常是将图形、照片等素材扫描到计算机中再制作、编辑和处理，熟练者甚至不需要勾画草图，这也是电脑设计最为便捷之处。

④ 清样

从印刷版上打下来的校样，通常简称清样或打样。清样和最终的成品应当完全一致。之所以要交给设计师校样是出于大量印制前的慎重考虑，如会不会出现文字疏漏或文字错误，会不会与设计师最终的意图产生悖逆等，这是最后的弥补不足和修改错误的机会，是减少设计遗憾、减少经济损失的一个行之有效的方法，也是书籍版式设计中的一环。

4.5.4 书籍版式设计的原则

书籍版式设计要遵循规范性、有序性的设计原则。研究字体、字号如何使人看起来舒服，做到版面的"易读性"、内容的"可读性"、图片的"可视性"。

思想性与单纯性、艺术性与装饰性、趣味性与独创性、整体性与协调性，是版面构成的四大原则。

思想性与单纯性

版面设计本身并不是目的，设计是为了更好地传播客户的信息。设计师以往容易自我陶醉于个人风格以及与主题不相符的字体和图形中，这往往是造成设计平庸失败的主要原因。一个成功的版面构成，首先必须明确客户的目的，并深入去了解、观察、研究与设计有关的方方面面，简要的咨询则是良好的开端。版面离不开内容，更要体现内容的主题思想，以增强读者的注意力与理解力，只有做到主题鲜明突出，一目了然，才能达到版面构成的最终目标。主题鲜明突出，是设计思想的最佳体现。

平面艺术只能在有限的篇幅内与读者接触，这就要求版面表现必须单纯、简洁。实际上强调单纯、简洁，并不是单调、简单，而是信息的浓缩处理，内容的精炼表达，这是建立于新颖独特的艺术构思上。因此，版面的单纯化，既包括诉求内容的规划与提炼，又涉及版面形式的构成技巧。

艺术性与装饰性

为了使版面构成更好地为版面内容服务，寻求合乎情理的版面视觉语言则显得非常重要，也是达到最佳诉求的体现。构思立意是设计的第一步，也是设计作品中所进行的思维活动。主题明确后，版面色图布局和表现形式等则成为版面设计艺术的核心。这是一个艰辛的创作过程，怎样才能达到意新、形美、变化而又统一，并具有审美情趣，这就要取决于设计师涵养的文化。所以说，版面构成是对设计师的思想境界、艺术修养、技术知识的全面检验。

版面的装饰因素是文字、图形、色彩等通过点、线、面的组合与排列构成的，并采用夸张、比喻、象征的手法来体现视觉效果，既美化了版面，又提高了传达信息的功能。装饰是运用审美特征来表现的，不同类型的版面信息具有不同的装饰形式，它不仅起着排除其他内容，突出版面信息的作用，而且又能使读者从中获得美的享受。

趣味性与独创性

版面构成中的趣味性，主要是指形式美的情境，这是一种活泼的版面视觉语言。如果版面本无多少精彩的内容，就要靠制造趣味取胜，这也是在构思中调动了艺术手段所起的作用。版面充满趣味性，使传媒信息如虎添翼，起到了画龙点睛的传神功效，从而更吸引人、打动人。趣味性可采用寓言、幽默和抒情等表现手法来获得。

独创性原则实质上是突出个性化特征的原则。鲜明的个性是版面构成的创意灵魂。试想，若版面大多是单一化与概念化的大同小异，人云亦云，可想而知，它的记忆度有多少？更谈不上出奇制胜。因此，要敢于思考、敢于别出心裁、敢于独树一帜，在版面构成中多一点个性、少一些共性，多一点独创性、少一点一般性，才能赢得消费者的青睐。

整体性与协调性

版面构成是传播信息的桥梁，所追求的完美形式必须符合主题的思想内容，这是版面构成的根基。只讲表现形式而忽略内容，或只求内容而缺乏艺术表现，版面都是不成功的。只有把形式与内容合理地统一，强化整体布局，才能取得版面构成中独特的社会和艺术价值，才能解决设计"应说什么""对谁说"和"怎么说"的问题。

强调版面的协调性原则，也就是强化版面各种编排要素在版面中的结构，以及色彩上的关联性。通过版面的文、图间的整体组合与协调性的编排，使版面具有秩序美、条理美，从而获得良好的视觉效果。

4.5.5 书籍版式设计中的留白

注意"阴中有阳，阳中有阴"的法则，在图文密集时适当留出空白作为"活眼"，在空旷时饰以细节作为呼应。

从某种角度上说，留白是一种艺术。在平面设计中，内容太多或者太少都会导致版面整体上缺乏美感。其实，留白如同省略号一样，能够给人们带来更多的想象空间。作为平面设计的一部分，留白是形象的延续，只有充分发挥留白的作用，体现其内在价值，才能在突出主题、提升内容美感的同时，给观者创造一个较为轻松、愉快的氛围（图4-5-6）。

图 4-5-6 书籍版式设计中的留白艺术

4.5.6 篇章节的版式设计

① 单码起与双码起：篇、章页一般编排在单页码，篇、章页的标题也可以在双码开始。

② 字体、字号的确定，一般按篇、章、节的层次，由大至小。

③ 篇、章页的装饰应与装帧整体风格相统一。

④ 研究阅读时视线流动的客观规律。

在版式设计时，字距和行距要适度，如儿童读物往往疏排；艺术读物的版式常常打破字距、行距的一般规律，追求新意。

4.6 图形与文字编排的构图形式

书籍的设计主要传达书籍复杂的思想情感，因此设计要具有深邃的内涵，使读者自然而然地走进书籍，汲取智慧的营养。那么设计师就应该很好地把握书籍设计的感性和悟性，提高书籍文化的品位，利用读者熟悉的文字、图形、色彩等视觉要素的表现，使设计达到外表与内在、形态与神态的完美统一。这种表现力正是书籍艺术的魅力与价值所在。

书籍版式设计中，图形与文字之间的布局形式主要有以下几种：

上下分割构图

书籍设计中较为常见的形式是将版面分成上下两个部分，其中一部分配置图片，另一部分配置文案（图4-6-1）。上下构图形式是将版面分割为上下两部分，或让画面中的元素整体呈现出上下的分布趋势，主空间承载视觉点，次空间承载阅读信息，呈现的视觉效果平衡而稳定。

图4-6-1 版面设计上下分割形式示意图

最典型的上下构图由"上图下字"或者"上字下图"两部分构成，图片及文字各占据一部分，互不干扰，能清晰明了地传达出版面的信息（图4-6-2、图4-6-3）。

图 4-6-2 上下直线分割形式的版面设计 1

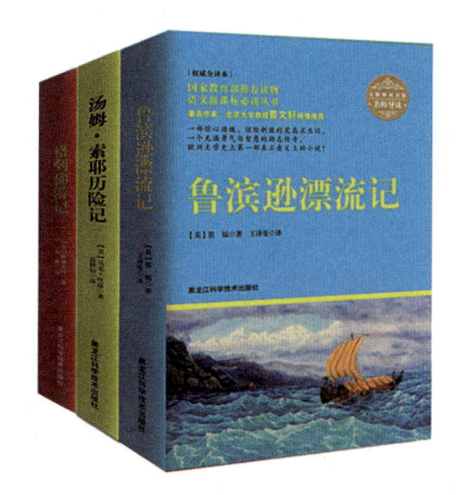

图 4-6-3 上下直线分割形式的版面设计 2

上下构图空间划分比较固定，为了得到丰富的视觉效果和良好的设计感，需要通过精心的设计来丰富版面的视觉效果，比如文字的横竖排版、元素之间的对比、点线面的运用、巧妙的留白等。进行上下构图设计时，可以根据版面内容的信息体量划分画面的空间，常用的版面分割比例有 1∶1、1∶1.618、1∶1.414、1∶2、1∶3 等。在设计时也可以反复进行调整，直到找到最为合适的构图比例。

上下构图的框架看似比较固定，但是也能通过设计手法变换出多种编排形式，巧妙破除上下分割的单一性与呆板感。比如曲线分割，即把生硬的直线改为呈现出动态的曲线或斜线进行画面的分割，版面显得更加生动活泼（图4-6-4）。

上下分割，除了可以采用直线和曲线的分割形式进行版面设计，还可以通过图片裁切、文字破图、元素串联、图片退底、空间留白等手法，变换出多种编排形式，巧妙破除上下分割的单一性与呆板感。

图 4-6-4 上下曲线分割形式的版面设计

左右分割构图

左右布局易产生崇高、肃穆之感。由于视觉上的原因，图片宜配置在左侧，右侧配置小图片或文案，如果两侧明暗上对比强烈，效果会更加明显。"左右构图"是将版面分割为左右两部分，或通过设计元素的布局让画面整体呈现出左右的分布趋势，具有平衡、稳定、互相呼应的特点（图 4-6-5、图 4-6-6）。

图 4-6-5 版面设计左右分割形式示意图 1

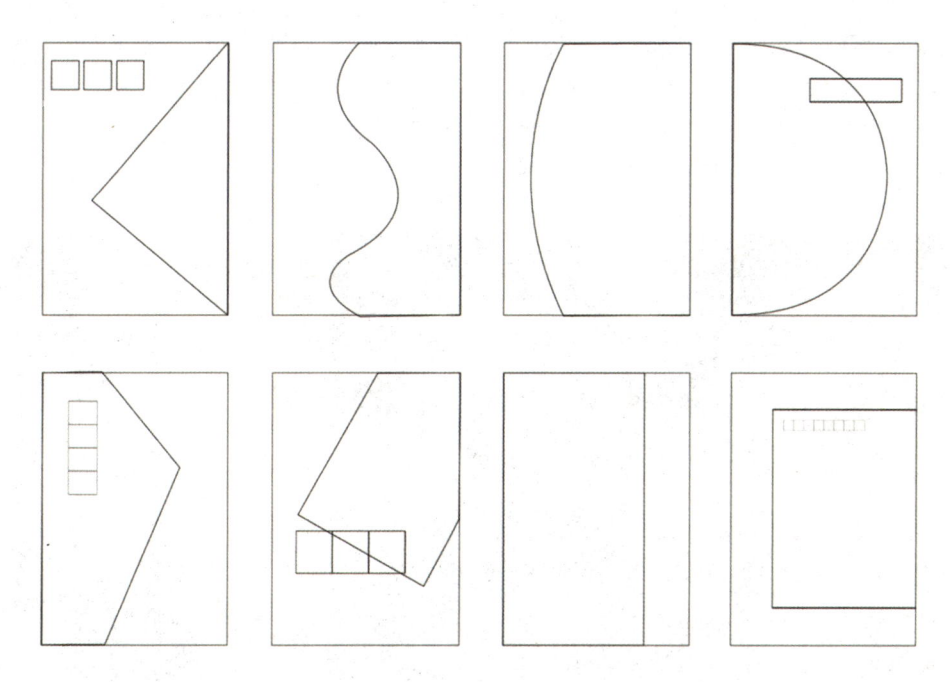

图 4-6-6 版面设计左右分割形式示意图 2

最典型的左右构图由"左图右字"或者"左字右图"两部分构成，图片及文字各占据一部分，形成左右两部分独立的空间，产生良好的阅读体验。左右构图看似比较简单，但是通过精心的编排，也可以使画面具有丰富的视觉效果和良好的设计感（图 4-6-7）。

图 4-6-7 左右直线分割形式的版面设计 1

进行左右构图设计时，可以根据版面内容的信息体量划分画面的空间，常用的版面分割比例有 1：1、1：1.618、1：1.414、1：2、1：3 等。在设计时也可以反复进行调整，直到找到最为合适的构图比例。

把图文按比例分别编排在版面的左右方，是比较严谨规范的构图方式，但是为了避免版面的呆板,可以通过调整版面空间变换出多种编排形式,如缩小图片和文字空间,使留白处形成外空间,增加层次感;利用文字串联起左右两个空间,破除左右构图版面的单一性;把生硬的直线改为呈现出动态的曲线或斜线进行画面的分割,版面显得更加生动活泼(图 4-6-8)。

图 4-6-8 左右直线分割形式的版面设计 2

无论是上下分割还是左右分割的编排形式,都可以进行对称构图设计。对称构图是将版面分割为两部分,通过设计元素的布局,让画面整体呈现出对称的结构,具有稳定、理性和秩序的特点。对称构图有多种表现形式:中心对称、上下对称、左右对称、对角对称、混合对称等(图 4-6-9 至图 4-6-12)。

图 4-6-9 上下对称构图的版面设计 　　　　图 4-6-10 左右对称构图的版面设计

第四章 / 书籍装帧设计的元素

图 4-6-11 对角对称构图的版面设计

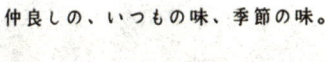

图 4-6-12 混合对称构图的版面设计

155

并置型构图

并置型构图编排形式是将相同或不同的图片做大小相同而位置不同的重复排列。并置构成的版面有比较、解说的意味，使原本复杂喧闹的版面呈现秩序、安静、调和、节奏感（图4-6-13）。

图4-6-13 并置型构图编排形式的版面设计

第五章

书籍装帧中的封面设计

封面设计在一本书的整体设计中具有举足轻重的地位。封面是一本书的脸面，是一位无声的推销员。好的封面设计不仅能吸引读者，使其一见钟情，而且耐人寻味，使人爱不释手。书籍封面的排版非常讲究，它就像商品的包装一样，对提高书籍销量有一定的帮助，书封的设计表现形式主要从图像、文字、材质工艺等方面进行设计，基本上所有书籍都需要有文字，所以特别考验设计师的文字排版能力。封面设计的优劣对书籍的社会形象有着非常重大的意义。封面设计一般包括书名、编著者名、出版社名等文字，以及体现书的内容、性质、体裁的装饰形象、色彩和构图。

5.1 封面设计的构思

首先应该确立表现的形式要为书的内容服务，即用最感人、最形象、最易被视觉接受的表现形式去吸引读者的目光。因此，封面的构思就显得十分重要，设计师要充分读懂书稿的内涵、风格、体裁等，做到构思新颖、切题，有感染力。

想象

想象是构思的基点，想象以造型的知觉为中心，能产生明确的、有意味的形象。我们所说的灵感，也就是知识与想象的积累与结晶，它对设计构思来说是一个灵感的源泉。

舍弃

构思的过程往往"叠加容易，舍弃难"。构思时设计师想得很多、堆砌得很多，对多余的细节"爱不忍释"。张光宇先生说："多做减法，少做加法。"就是真切的经验之谈。对不重要的、可有可无的形象与细节，坚决忍痛割爱。

象征

象征性的手法是艺术表现最得力的语言，用具象的形象来表达抽象的概念或意境，也可用抽象的形象来比喻表达具体的事物，这些都能为人们所接受。

探索创新

　　流行的形式、常用的手法、俗套的语言要尽可能避开不用，熟悉的构思方法、常见的构图、习惯性的技巧，都是创新构思表现的大敌。构思要新颖，就需要不落俗套，标新立异，要有创新的构思就必须有孜孜不倦的探索精神（图 5-1-1）。

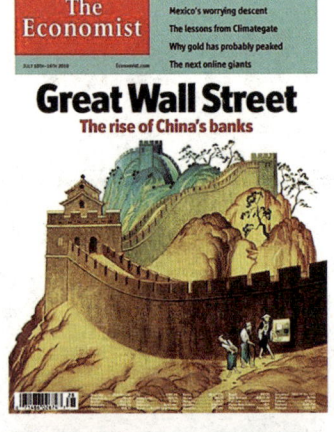

图 5-1-1　The Economist《经济学家》封面设计

5.2 封面的纯文字编排

封面文字中除书名外，均选用印刷字体，故这里主要介绍书名的字体。常用于书名的字体分三大类：书法体、美术体、印刷体。

书法体

书法体笔画间追求无穷的变化，具有强烈的艺术感染力、鲜明的民族特色，以及独到的个性，且字迹多出自社会名流之手，具有名人效应，受到广泛的喜爱，如《红旗》书刊均采用书法体作为书名字体（图 5-2-1）。

图 5-2-1 《红旗》杂志

美术体

美术体又可分为规则美术体和不规则美术体两种。前者作为美术体的主流，强调外形的规整，点划变化统一，具有便于阅读和设计的特点，但较呆板。

不规则美术体则在这方面有所不同，它强调自由变形，无论从点划处理或字体外形均追求不规则的变化，具有变化丰富、个性突出、设计空间充分、适应性强、富有装饰性的特点。不规则美术体与规则美术体和书法体比较，它既具有个性，又具有适应性，所以许多书刊均选用这类字体，如《知音》、国外的《NEWYORK》等（图 5-2-2）。

图 5-2-2 应用美术体的海报和杂志封面

印刷体

印刷体沿用了规则美术体的特点,早期的印刷体较呆板、僵硬。现在的印刷体在这方面有所突破,吸纳了不规则美术体的变化规则,大大丰富了印刷体的表现力,而且借助电脑使印刷体在处理方法上既便捷又丰富,弥补了其个性上的不足,如《译林》《TIME》等刊物均采用印刷体作为书名字体(图5-2-3、图5-2-4)。

图5-2-3 《译林》杂志　　　　　图5-2-4 《TIME》杂志

有些国内书籍刊物在设计时将中英文名字加以组合,形成独特的装饰效果,如《世界知识画报》用"W"和中文刊名的组合形成自己的风格(图5-2-5)。

图5-2-5 《世界知识画报》杂志

刊名的视觉形象并不是一成不变地只能使用单一的字体、色彩、字号来表现，把两种以上的字体、色彩、字号组合在一起会令人耳目一新（图5-2-6）。

图5-2-6　封面文字设计欣赏

利用文字作为封面元素，能直接表达整本书的主题。字体一般会经过重新设计，以独特的形象展现，这种方式适用于各种行业书刊的封面设计。编排时要注意文字间的层级关系，灵活运用对比关系来提升画面的层次感。另外，还可以添加线条来辅助排版，以增强设计感和精致感（图5-2-7）。

图 5-2-7　纯文字的书籍封面

5.3　封面的文字与图像混排

在封面中插入与内容或品牌调性相匹配的摄影图片来突出主题，这样不仅能快速传递宣传信息，还能达到强烈的视觉效果。如果只使用一张图片，通常的处理方式是让图片占比较大的版面空间，提高图版率，图片多数以出血形式或去底图展示（图5-3-1）。

图 5-3-1　文字与图像混排的书籍封面

文字与图像混排是版式设计中常见的情况，图片与文字在传达版面信息的内容上具有不同的特点。图片在视觉传达上可以辅助文字，并帮助读者理解，使版面的视觉效果更加丰富和真实。文字能具体而直接地解释版面的信息，图形化的文字同样也具有很好的视觉表现力（图 5-3-2、图 5-3-3）。

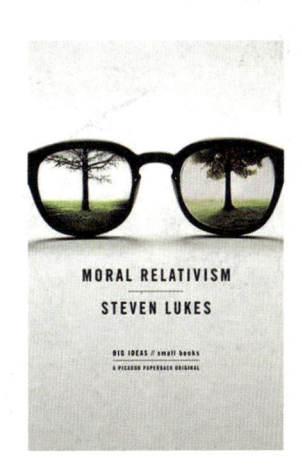

图 5-3-2　文字与图像混排的书籍封面 1

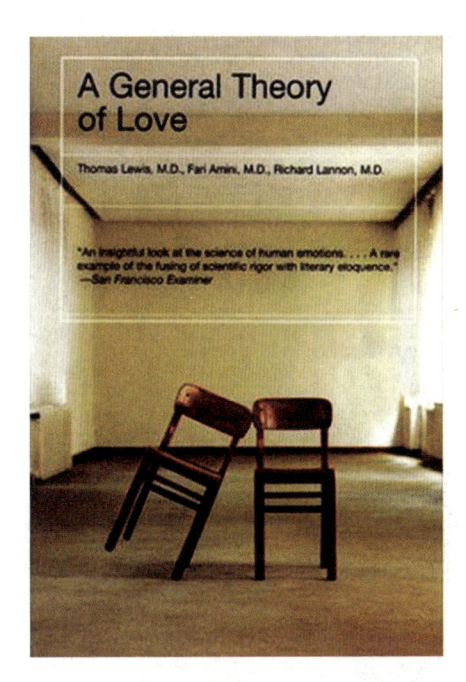

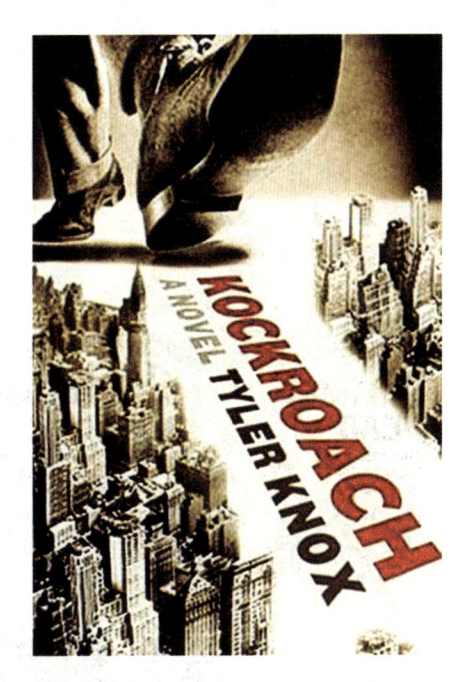

图 5-3-3　文字与图像混排的书籍封面 2

5.4　封面的文字与图形混排

封面加入图形的设计，能提升画面的艺术感和形式感。将图形当成封面的主体，让设计更有内涵和细节。需要注意图形必须与设计主题有关，且具有创意，否则会造成画蛇添足（图 5-4-1）。

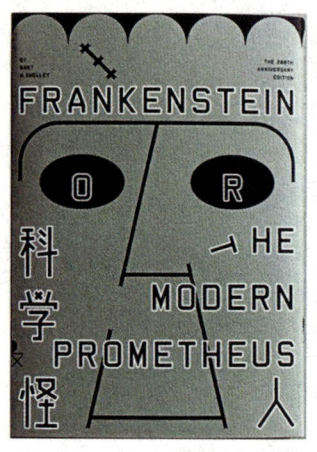

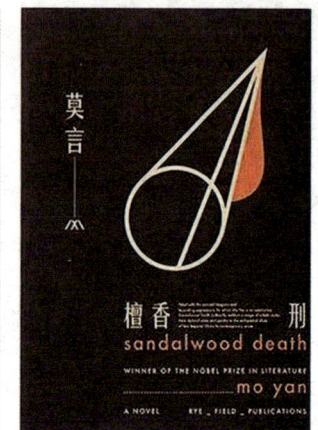

图 5-4-1　文字与图形混排的书籍封面

5.5　封面的文字与插画混排

　　书籍封面中的装饰性插图不同于照片和写实性插图，它有着独特的表现方法和手段，一个点、一条线、一个抽象符号、几块色彩等都在表现设计思想，传递书籍的内容。装饰性封面插图由于其形式语言单纯，多用点、线、面来表现画面效果，相对更易形成不同于现实世界的视觉效果，带来强烈的视觉冲击力。插画形式可以理解为经过手绘处理的图形，其好处在于它具有丰富的想象力和自由创造性（图5-5-1、图5-5-2）。

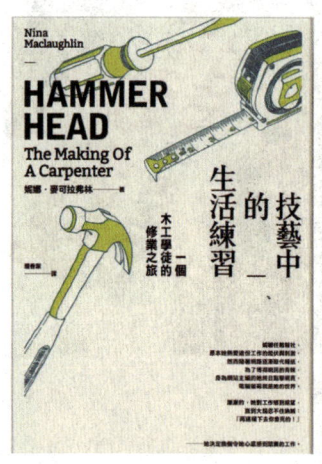

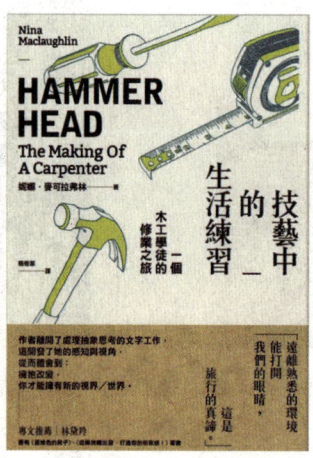

图 5-5-1　文字与插画混排的书籍封面 1

图 5-5-2　文字与插画混排的书籍封面 2

5.6 封面的文字与色块混排

当书籍封面空洞或单调时，在没有其他素材添加的情况下，增大色块的面积是一种花最少的时间来提高版面率的方式，以增加画面丰富性。如果想让画面具有层次感，色块与背景之间的颜色则需形成对比，起到聚焦、突出的作用（图 5-6-1）。

图 5-6-1　文字与色块混排的书籍封面 1

封面的色彩处理是设计的重要一环，得体的色彩表现和艺术处理，能在读者的视觉中产生夺目的效果。色彩的运用要考虑内容的需要，用不同色彩对比的效果来表达不同的内容和思想，在对比中求统一、协调，以间色互相配置为宜，使对比色统一于协调之中。书名的色彩运用在封面上要有一定的分量，若纯度不够，就不能产生显著夺目的效果。另外，除了绘画色彩用于封面，还可用装饰性的色彩来表现。文艺书封面的色彩不一定适用于教科书，教科书、理论著作的封面色彩就不适合儿童读物。要辩证地看待色彩的含义，不能形而上学地使用（图5-6-2）。

图 5-6-2　文字与色块混排的书籍封面 2

色彩配置上除了协调，还要注意色彩的对比关系，包括色相、纯度、明度的对比。封面上没有色相冷暖对比，就会使人感到缺乏生气；没有明度深浅对比，就会使人感到沉闷而透不过气来；没有纯度鲜明对比，就会使人感到古旧和平俗。我们要在封面色彩设计中掌握好明度、纯度、色相的关系，同时利用这三者的关系去认识和寻找封面上产生弊端的缘由，以便提高色彩修养。

5.7　封面的纯图片设计

封面的图片以其直观、明确、视觉冲击力强、易与读者产生共鸣的特点，成为设计要素中的重要部分。图片的内容丰富多彩，最常见的是人物、动物、植物、自然风光，以及一切人类活动的产物。

图片是书籍封面设计的重要环节，它往往在画面中占很大面积，成为视觉中心，所以图片设计尤为重要。一般青年杂志、女性杂志均为休闲类书刊，它的标准是大众审美，通常选择当红影视歌星、模特的图片做封面；科普刊物选图的标准是知识性，常选用与大自然有关的或先进科技成果的图片；而体育杂志则选择体坛名将及竞技场面的图片；新闻杂志选择新闻人物和有关的场面，它的选图标准既不是年青美貌，也不是科学知识，而是新闻价值；摄影、美术刊物的封面要选择优秀摄影和艺术作品，它的标准是艺术价值（图5-7-1）。

图 5-7-1　纯图片排版形式的书刊封面

参考文献

[1] 吕敬人. 书籍设计基础 [M]. 北京：高等教育出版社，2012.

[2] Timothy Samara. 图形、色彩、文字、编排、网格设计参考书 [M]. 庞秀云译. 广西：广西美术出版社，2013.

[3] Ina Saltz. 破译文字编排设计 [M]. 周彦译. 广西：广西美术出版社，2012.

[4] 邱承德，邱世红. 书籍装帧设计（第二版）[M]. 北京：文化发展出版社，2019.

[5] 陆路平，王妍珺. 书籍装帧设计 [M]. 北京：中国建筑工业出版社，2013.

[6] 韩琦. 书籍装帧设计与实训 [M]. 成都：西南交通大学出版社，2015.